我的山居动物同伴们

朱天衣

海峡出版发行集团
THE STRAITS PUBLISHING & DISTRIBUTING GROUP
海峡书局

前 言

从有记忆开始，我的身边便围绕着许多动物同伴，它们陪伴我长大，所给予我的是说不尽的快乐。虽然其间的生离死别，也曾让我黯然心伤、低回不已，但我真的无法想象在生命中，如果没有它们的陪伴，会是一个什么样的光景。

我会住到山上，也是因为这些同伴们带着我来的。虽然我一直有山居的梦，但如果没有它们，这梦只会遥遥无期，可能永远不会实现。

如今，我和这些同伴们拥有了一个和天堂差可比拟的家园。在这里我们拥有足够的空间、美好的环境，让我们的生命都得到了安顿。更重要的，我也在此得以继续学习成长，我学习着谦卑地面对周遭的自然环境，我也学习着尊重这环境中的所有生命。也许我还没学会所有，但我愿意继续以谦虚及尊重的心，面对未来的每一天。

我很感激父母在我年幼的时候，以身教让我明白每一个生命都值得被珍重，不止是人的生命，连身边没人要的猫猫狗狗都该被尊重。他们并没和我说过什么大道理，就是这么做了，数十年如一日地这么做了。在别人眼里，完全不合经济效益的事，不合主流价值的事，在他们心中却是极平常、理当该做的事。

我不会忘记那些曾陪伴我成长的每个动物同伴，它们的生命或长或短，都一样丰富了我的生命，过去如此，未来也如此，若说我能回报它们什么，那大概就是找到这样一个如天堂般的家园，而这也是它们所给予我的。

目录

新天新地

老实说，当我第一次站在这片野地前，并不觉得如何。

在此之前，我们已经寻寻觅觅好长一段时间，为已容纳不了的狗儿猫女寻找一个新家园。基于过往的经验，是离人群越远越好，但也不能远到每天上课出入成问题，于是便以当时所住的龙潭，方圆半小时车程可达为目标，上山下海的找了起来。从大溪到竹东偌大的范围，都曾遍布我们的足迹。其间有合意的，但却不是我们经济能负担得起，便宜的，不是挨人太近，就是缺水缺路的，总之，就在希望一再落空、快放弃的时刻，终于在关西锦山找到了这块不起眼，三四十年无人闻问的野地。

说它是野地，真的一点也不夸张。出入是一条勉强称得上路的黄泥小径，两旁杂草比人还高，四轮驱动的吉普行驶其间好似野马奔腾。奔马百来米，来到地缘，仍是荒草漫漫，隐隐听得到溪流湍急声，却被重重垂挂纠葛的蔓藤遮住了视野，什么也看不到。勉强走进地里，便被半人高的鬼针草给扎得全身中箭，再往深处走，地便越来越湿，最后索性连鞋子也陷进泥沼里拔不出来。可疑呀！依我阅地无数的经验，这水来得诡异，怕不是好事，但看介绍地的杨先生领头勇往直前去研究水是怎么来的，我也只能驻足止步。放眼瞭望，约莫看出它是块坡地，好在坡度算缓，除了临河的那一面外，邻地只有一处有人耕作的痕迹，其他地也是荒草漫到山边，唯一不同的是，我们这块地大石头忒多，荒草长得坑坑疤疤，有些像癞痢头。

我和猫猫狗狗的家

经他们研究，那水是从地里冒出来的，问题不大。产权证上是400坪（1坪≈3.3平方米），但连周边的河川地加在一起700坪跑不掉，价钱合理，甚至有些偏低。我不太相信自己的好运道，便忍不住问道：“这么便宜为什么没人买？”杨先生缓缓道：“也有人来看过，有的嫌溪水太吵，有的嫌石头太多不好耕作，总之缘分未到。”“咦？溪水不是大自然的声音？谁会嫌天籁太吵？”听到这块地被嫌得没啥道理，同情弱者的心便有些松动，至于石头多，反正我们没务农的打算，这也不成问题，于是当场付了订金，决定买下这块地。

一直到所有手续办清，仍很难相信这块地就是自己的了。为避免和邻地有纠纷，于是我们请人来鉴界。当测量完，抱着红桩，一根根打进土里时，觉得好似西部拓荒者围栅栏的景况，只是人家围的是牛和马，我们围的是狗和猫，这也才真觉得这块地是猫猫狗狗和自己的家园了。

整地时，很幸运地认识了林瑞禄先生，他是当地人，专司“怪手”。他帮我们把坡地分成四层，除了让地有层次感，更重要的是做好水土保持，用来垒坡坎的正是自己地里被人嫌弃太多的石头。听林先生说才知道，石头会那么多是因为上面人家整地时不要，全滚落到我们地上，大大小小上千块，垒到最后一块，恰恰好用完，比女娲补天还神准。

林先生还把那片湿地的源头找着，原来是个涌泉，便把它围拢起来，并在它的外围挖了个大水池蓄水，我们和狗猫四十来口喝用不尽，即便遇到大旱年，水量少了些，也从未枯竭，且原本大片的沼泽不复再现，人狗猫行走其间安全无虞。后来，也从溪里捞了些鱼虾饲于池里，其他蝌蚪、螃蟹等水生生物也不请自来，这涌泉已自成了一个自然生态池。

在这生态池下方近河处，我们俩又挖了个光合池，池里种了苦草净水，还养了台湾盖斑斗鱼吃孑孓，池边埋了个百人份的化粪池，化粪池排出的废水先进光合池中净化一番，再流入溪里。没多久，这光合池也引来无数的蛙类、虾蟹在此繁衍，入夏后，更成了萤火虫的大本营。傍晚起，荧荧灯火便是由此出发展开夜游的，若拿手电筒一照，可热闹了，池里苦草上无数虾蟹晶亮的眼睛，不畏人的正朝着你望呢！滴溜溜的好似不解你为什么要打断它们的仲夏夜之梦。

我们的涌泉池

衔接这两个生态池、光合池的是左右两渠环地的山沟，靠右明沟部分，只因为随意捡来几块野姜花根扔掷其上，隔年便徒子徒孙地漫生起来，第三年索性霸占整个沟渠，几百株的从仲夏直香到中秋，非得把它剃平了，才换秋桂登场。

这块地上原生的树也多，有认得的、不认得的，最大宗的是茄冬、鸟榕、九芎和山棕，靠溪畔的有台湾水柳，以及三株参天高的枫香，它们的根整个盘踞了临河的地缘，偌大一块地便是靠它们抓稳的，真是功臣良将呀！我们本就好绿，所以尽可能地保留下所有的树，另有一棵年已古稀的破布子，干粗且斑驳，枝桠佝偻向天伸展着，一树的果实却是看得到摘不到，靠根部还长了几朵亮褐色的灵芝，据邻人的判断，这老先生应已有百年高龄，不由人肃然起敬。

我们的光合池

新天新地垒大石头时

至于那各式各样的蔓藤则都被我们除了尽，有的粗得像巨蟒，有的看似柔弱，却也一样把大树缠得七荤八素。我们花了几天的工夫，才突破一层一层纠缠不清的蔓藤抵达河边，好几次被困在其间不见天日，恍若置身亚马逊河的热带雨林，望着手上缺了牙的开山刀，觉得自己已可跻身探险队之列了。

其实比之于蔓藤，更让人丧胆的是菅芒草，这怪物生命力之强悍，真是令人叹为观止。若只是割除，那么不待春风，任何一种东南西北风都可以让它复生孳长；若想一劳永逸地斩草除根，那非动用锄头不可；至于已成丛状的菅芒草，那么对不起，连锄头也奈何不了它，非得“怪手”出马不可。而很不幸的，我们地上就尽是这样一丛又一丛的菅芒家族，于是，它们成了我开拓史上最大的噩梦。

而另一个让人恨得牙痒痒的就是鬼针草，如果它不请自来地落在人衣服上，那么就算洗衣机也搅不落。为此，我们拓荒时都必须选择尼龙材质的工作服，如此一来汗水便像瀑布一般地直灌雨靴里。更惨的是，若它找上狗狗攀附，那么很快便会让狗毛结成条状、甚或是球状，所以开拓初期，简单说便是一场与鬼针草的奋斗史。为了毕其功于一役，我们都是以连根拔除的方式扫荡，也就是说必须以最笨的方式蹲在地上一根一根地拔除，有时候我并不排斥这种不花脑筋的死工夫，但700坪的地速度得快，不然这头拔完，那头又冒了出来，才真叫人欲哭无泪。所以每当邻人惊叹为什么独独我们地上不长鬼针草，欣慰之余，也不禁捏把冷汗地暗道："好险！我们的地不是论分、论甲，而是以坪数计算的。"

当地整好，当蔓草除尽后，我们在层层叠叠的坡坎间，以石头堆叠出一阶阶的石梯，其中有一道石阶便直通河底。至此，每当劳动到一个地步，汗湿了又干、干了又湿，衣衫上快结晶出盐粒时，我便会整个人泡进溪水里，洗衣、洗身，顺便洗洗心神，有时枕着石头小憩一番，看着透过绿叶的光影斑斓得撒在周身，溪水在耳际呼噜呼噜流过。我仍是不明白，这呼噜声哪点吵人？不过也幸好有人嫌，这片天地才能暂时为我所独享。我一直清楚知道，和这块地的缘分不是无止尽的，我们和猫猫狗狗都是过客，容它许我们有个落脚、栖身之处，有一天我们都物化了，一切都还要还回去，只希望届时奉还时，不至会汗颜呀！

如今每当友人上山小聚，看到的是已经安顿好的一切，做向导介绍家园时，忍不住要细说从头，这块地原是如何的蛮荒，后来经过我们……在友人礼貌的惊叹回应声中，我清楚知道那段用汗水堆叠的开拓史，其实并不与人相干，也不必与人相干，它只是自己心底一段甜美的记忆。因为就算在烈阳下、寒风中孜孜勤恳地劳动，我们也从没觉得苦过，反而觉得扎实得不得了，因为每付出一分心力，便清清楚楚地留下一分成绩，真个是一步一脚印，公平得很，也许这就是与土地亲近颠扑不破的道理吧！

邻人们

当初会想避居到山野，主要原因便是狗儿猫女越来越多的缘故，在城中真的不太适合动物居住。即便是郊区，三五只狗相伴便已是极限，虽然猫女数量弹性大一些，但整日把它们圈养在屋内，终究是心疼的。尤其是阳光大好、风清树摇的日子，看着它们那一双双渴慕的眼神，真觉得有为它们找个更宽阔家园的责任，住在人群汇集之地，对他人、对自己、对同伴动物都是一种折磨。

因此，为了让狗活得像狗、猫活得像猫，人也活得像人，我们便远离人群，来到关西锦山居住。还记得初来此，最令我感受深刻的事，就是听到所有哈士奇的大合唱。以往还住山下每值倒垃圾时，我总要严正以待，这些欢喜随着《少女的祈祷》嚎唱的狗儿们，每每在我喝斥下，只能嗷嗷低鸣，那近乎呜咽的声音不知有多委屈，如今在山里，它们爱唱多大声就唱多大声。我永远记得当第一次听到它们纵情高歌，而旁边还有一群米克斯伴唱时的感动，我知道自己再也不必像个疯婆子一样，必须急急冲到它们面前大喊“闭嘴”。

我们乍居这山野时，四周都还无人居住，挨得最近的邻居，便是隔了条溪河的高山族同胞，彼此的住屋都给树林挡住了，日升日落整理菜圃时，或还能远远见着人影，平时最多就是鸡犬相闻。早耳闻其中住了一号人物，至今却仍未亲睹他的庐山真面目，大家都唤他“马英九”，因为长得真像，人也老实。不过他的轶事也不少，听说一次酒后开心，和友人翻进附近的

"金鸟乐园"，园里有个大水池，专供海狮表演，他仁兄兴致高昂往池里一跃，哪知道那天池中一滴水也没有，这一跳，便把脑袋给撞坏了，大家都为他那俊俏的脸惋惜不已。最近则听说他被青竹丝蛇吻，又给吻在头部，他老兄坚持不就医，最后头肿得老大，才被亲友给押去医院就治。

另一位挨得比较近的邻人，则是三百米远的一位独居的高山族老人。他用废材竹子搭了一间屋子，没电、没自来水，屋前一片地种着花生、地瓜、香蕉，便这样不扰人地自给自足过活。偶尔远居城里的亲友来看他，带来的东西都被他倒进河里，在我们看来的生活必需品，对他而言全是累赘。他身上永远一式一样，黑衣黑裤长发长胡，完全的看不出年龄，有时

救援回来的翅膀折断的小猫头鹰

踱到我们地缘，狗吠了，才知道他人在那儿，和他招呼也不说话，偶尔从那竹屋升起袅袅炊烟，才确定他的存在。

比我们早上山的另一对城里来的颜姓夫妻，住在独居老人的另一头，他们的木屋盖得高，若打旗号，远远的彼此还可以相见，若走大路过去，就有三公里远。他们从购地盖屋到定居，足足花了十来年的光阴，因此一甲（1 甲约 1 公顷）多的地整治得非常良善，有池有林，还有大片的草地，池里养着大鱼、鸳鸯、野鸭，草地上游走着各式禽鸟，不时会有孔雀从山林间冒出，廊下也收留了些受伤的野鸟，其中一只路边救援回来的折翼角鸮，永远眨着一双大眼望着你。为了这只我唤它作“小 Q”的猫头鹰，就算绕个三里路远我也愿意。

隔壁紧贴着我们地的原来是一片布满了菅芒草的野地，一位城里人买了却把它荒在那儿好几年，后来听说要卖，我们也只能祈祷接手的是好相处之人，幸好最后是让附近杂货店涂老板买下。在圈地时，对方原有块角地直插入我们地里，若照地界围，怕就要把我们的地割成两块，但这老板娘却把地往后圈，说那块角角就让狗猫们去跑，这举措真是让人感念。后来他们整完地，开始种上各式蔬果，时不时还与我们分享。有时人不在，便隔着围篱掷过来，所以不时的可以在地上捡到一些鲜甜的萝卜、芥兰、玉米、丝瓜……都是货真价实的有机蔬果，花钱未必买得到。

随着住的时间长了，便也认识了不少久居在此的邻人。小时眷村人情厚，妈妈们会互送热腾腾的包子、馒头；山里人情也暖，除了蔬菜，自家种的香菇、橘子、笋、姜也都按季节彼此馈赠。一位也相隔三里远的吕老先生，是我们那区香菇种得最好的模范菇农，除定时送来烘焙过的香菇，还时不时送来我特爱的新鲜菇，每朵都又大又厚，切成条煮汤，肥润鲜美得简直不可方物，哪个朋友运气好来山上碰着了，无不大呼圣品。他还租了人家的地种姜、种地瓜，收成也完全合乎贩卖水平，但他总一麻袋一麻袋地送来，不止让我口福饱满，连城里的朋友也跟着受惠。他已年近八十，除了自己地上的橘子、香菇要忙，外面租地的姜和地瓜要顾，还在

外面接一些临时的工作，有时我们就会请他来帮忙，他的活儿又细又扎实，很为我们倚重，有时会担心他的年纪，但更怕他退休后老得快。他真是客家人活到老、做到老的最佳典范。

而逢年过节时，有些邻人是连鸡都杀好了送过来。一次我收到一只超大的阉鸡，约有十来斤重，虽说是杀好处理过的，但要把它煮熟便很伤脑筋。首先没那么大的锅，要剁也没那么大的刀，我平日用的菜刀剁缺了好几个口，仍剁不断那放山鸡骨，最后用支解的方式，却把我一把德国制的厨房大剪给崩拆了。那一年的除夕便是在和那只大鸡奋战中度过的。

邻人或许知道我的厨艺不怎么样，后来索性帮我煮熟了整锅端过来，烧酒鸡、桂竹笋烧肉、梅干菜绞肉、客家咸汤圆……那梅干菜绞肉用的是自己曝晒的陈年菜干，还添加了手工切就的肉皮丁丁，吃起来就是不一样。这又是来自另一位相好邻人春枝的手艺，她长期在村里间做老人关怀义工，不时做些餐点慰问独居老人，每当她送好吃的来，我们便开心的说：“又来关怀老人家啦！”她还有几口锅留在我们这儿呢！

有些时候，则是一通电话来，便翻过一个山头去大快朵颐。他们知道我们最爱办桌式的大块肉吃、大碗酒喝，所以有时在院子里桌子一摆就吃将起来，桌上的鲜蔬全是菜圃里刚摘的，肉则是地里放养的，酒则多半是私酿的。从中午吃到天黑，菜热一热再来一巡，回程时，月已当空，微醺地走在月光下，清风拂来真个是树影零乱、人影徘徊。

我当初以为避居山野，从此过的是隐匿冷僻的日子，不想因着这些热情却不扰人的邻友，让本该是清孑的山居岁月多添了温暖，这是我始料未及的。

原住『民』

最近常有一只台湾猕猴来造访，看来年纪不小，所以叫它“猴爷”，看到它自如地在树与树之间行进，才真的体悟到猿猴的世界是立体的，与我们生活的平面空间是不同的，它不怕狗却很注意猫，因为猫和它一样会跳上跳下的。但不知是我的猫女们过于肥胖还是过于安逸，所以对它的兴趣并不大，或者因为惹不起而故意漠视它，只有狗儿对它永远的兴趣不减，清晨只要听到众狗儿们狂吠不已，就知道它老爷爷又来报到了。

第一次见到它，真有贵客临门的荣幸，和它说话它也不太看人，只会猛打呵欠，有点害羞的味道。在冰箱翻拣出几个熟地瓜和西红柿，放在大石头上让它享用，才一会儿工夫，地瓜便被贼狗抢食了去，我赶紧将西红柿移高，卡在枝桠间，退开后，果然看到它攀爬下来抓起果子，啃咬一口便丢掷在地上，显然不合胃口，正寻思家里还有什么宝贝可进贡给这老人家，它却拍拍屁股准备走人了。我看着它从一棵树荡过一棵树，最后来到河边一棵构树上。这构树上结得满满橘红色的果子，它倒是肯吃，我还想这一树的果子够它吃上好几天吧！没想到它老人家吃相真不怎么样，每摘一颗果、吃两口就丢，我在一旁力劝它：“猴爷！别这样！慢慢吃，留点明天吃。”但它很执意地把所有果子一扫而空，才跃入河床闪人去了。唉！难怪猴子一族惹人怨，若是好好一个果园，怕也经不起它们这样糟蹋。

除了猕猴，我们这地上不时还会出现其他野物，包括白鼻心、小臭鼬、野兔、雉鸡及各种蛇类。每当我看到这些小动物时，总是惊喜不已，但同时也感到万分抱歉，因为我们的入侵，让它们的栖息地严重受到破坏，再加上猫猫狗狗的恶行，它们几乎只能选择亡命。刚搬上山时，家里最凶猛的“橘子”猫每天早晨都会把它的战利品排在桌上等我验收，多半是老鼠、蚱蜢、蜥蜴之类的小动物，全无外伤但都已气绝多时，想来全都是被吓得心脏病发身亡的，我很慎重严肃地告诉在一旁摇着尾巴很得意的“橘子”说：“我不喜欢这样，我真的很不喜欢你这样欺负小动物。”几次后它听进去了，桌上不再出现它给我的礼物，但从此不再狩猎的它，却越来越肥胖，终至变成了一个像加菲猫的抱枕。

另一只卷尾猫“猪猪”则爱死了小蛇，有时看它定点在一处待上一个早上，便知一定有什么蹊跷，走近看多半就是小青。这种无毒的青蛇常会被人误判是赤尾青竹丝，慌乱中没人会去分辨它的头是否三角、尾端带不

喜欢玩蛇的卷尾猫“猪猪”

带红，多是打了再说，所以生性温和又羞怯的青蛇便成了替死鬼。有一次被“猪猪”盯上的便是只一尺长的小青蛇，“猪猪”也不伤它，就只是盯着它研究，每当它想跑，“猪猪”就会把它拽回原地，这时它会静默个三分钟，等觉得可以再试着逃离现场时，便又被拽了回来，它们反复这动作约莫已一个早上。当我出手解救这小青蛇时，让平日温和的“猪猪”嘶吼不已，且气得久久不肯理人，尔后虽不再亲睹这样的画面，但我相信同样的劣行仍在某个角落发生着。直至有一天，“猪猪”瘸着腿回来，右腿靠近胳肢窝的地方，明显两个齿痕，才确定这游戏终于可以告一段落。

同样曾遭蛇吻的还有“橘子”猫、“小黄”狗，两“人”均被咬在脑袋瓜上，“橘子”是鼻涕眼泪直流，“小黄”则是头肿得斗大，在医院待

被蛇吻成大头狗狗的小黄

遭蛇吻的“橘子”猫，像个加菲猫的大抱枕

诊时，还引得其他饲主好奇询问：“是什么新品种的大头狗？”我发现，凡是遭蛇吻过的猫狗，从此绝不敢越雷池一步，顶多只敢对着蛇狂吠，但有时也会出现假警报。我们家的女王狗“华光”就曾对着一尾蛇皮狂吠不已，这老鸟级的流浪狗妈妈，想必也曾被蛇狠狠攻击过。

对蛇我总是能赶则赶、能放则放，常在我们环境中出没的无毒蛇有阿南、青蛇、过山刀、臭青母及叫不出名字的各色水蛇，有毒的除了百步蛇，台湾其他四毒——青竹丝、龟壳花、饭匙青、雨伞节都曾看过。其实除了龟壳花攻击性较强之外，其他蛇族多是见人就闪，在地里活动只要穿雨靴、戴斗笠就不至有什么大碍。一次晚间十点多回家，狗儿们匆匆和我打了个照面便往院子里跑，我正纳闷它们怎么不似往常亲热，一抬眼便看到它们围成一圈和什么对峙着，再仔细一看，便看到一个汤匙大的蛇头昂扬着，嘶嘶作攻击状。我赶紧到储藏室擎了个捞池里落叶的大网子，覆盖在蛇身上，再用劲一捞，它便坠入网底。迎着光仔细瞧，是只龟壳花，比想象中要大，最粗的地方像婴儿的手臂般圆滚。我擎着网子向河边走去，不忘借机会教育："拜托别再来了！这里狗猫多，很危险的。"大石头垒成的坡坎，有很多的缝隙让它藏身，真希望自己会说"爬说语"，或蛇族们够灵透，听得懂我的人语，别再误入我们这块险地了。

小臭鼬、白鼻心不时也会出现，小臭鼬行进时和肥大的老鼠没两样，但它会人立，躲在石缝中立起来和你对望，若和它说说话，它还会左摇右摆地回应。白鼻心爱的是我们地上几棵野山棕，那一串串红亮带紫的果子连我也觊觎，拨开外层的硬皮，里面的果肉一瓣一瓣透明的，很像山竹的模样，只是小得像指头节，吃起来甜甜麻麻的，不时也会招来各式鸟类驻足，连竹鸡也爱窝在其间小憩。还曾有一只母竹鸡在临河石壁上的山苏丛中筑巢，平时狗儿攀爬不上，倒也相安无事，但只要它一离窝便是一场混

马武督的蓝鹊

马武督的大冠鹫

乱，别看它两条腿，跑得倒挺快的，后面一群四脚狗被它要得团团转也奈何不了它。先时我还跟在后面喝斥，后来看它颇能应付自如的，便退出了这场每天必上演的追逐战。

第一次看到状似蜂鸟的小长喙天蛾出现，真的是惊讶又感动。之前书上看过、电视上也看过，从没想过能亲眼目睹这精灵般的小生命，它们真的是小，小的会让人误以为是只虎头蜂，颜色也很相似，要仔细看才会发现嘴喙两边有两丝细细的须。它们总是在黄昏时现身，不是在鬼针草花丛，便是在非洲凤仙中觅食，最近则爱上了金露的紫色花絮。坐在客厅里，透过窗玻璃便能清楚看到它们进食的模样。它们移动的速度快，且多成直线飞行，虽不太怕人，但只要它们一出现，我连大气都不敢喘，深怕一点气息，就会把这些小精灵给吹散了。

我真的觉得自己很幸福，每天早起擎着咖啡向外眺望时，偌大的山林尽在眼前，不时有各式生命在这辽阔的空间中奔驰翱翔，看着那群聒噪的树鹊家族在枫香上开会，另一群蓝鹊则从窗前滑翔而过，五色鸟的咄咄声由远而近、由近而远。这些鸟族即便不现身，我也能从声音辨别它们的存在，甚至以此卜卜吉凶，喜鹊似金属摩擦的叫唤当然代表着诸事顺意，乌鸦的“丫丫”声虽好听但小心为妙，大冠鹫清扬的哨音则代表了做事有劲。而当白鹭鸶划过头顶时，从那破锣嗓子中我尚未觅得一丝灵感它象征着什么，而且很要命的，它在飞翔之际总爱空投些什么，更糟的是，它好像永远处在拉肚子状态，但即便如此，每个早晨能如此开始，我心已足。

我家门前有小河

我一直觉得我的父母容忍度很高，从小我什么都养，自己抓来的鱼、虾、螃蟹、虫虫、蝌蚪就不用说了，别人送的鳖、龟、鸟也养得不亦乐乎，连没长毛的小老鼠、还不会飞的蝙蝠、从植物园捡回来的小松鼠，也总有办法把它们照顾得妥妥当当的。唯一的遗憾是没养过蛇，尤其是知道《白蛇传》故事后，对蛇族更是充满了遐想，所以之前新闻报导一个中学男孩在校园拾获一尾白蛇（其实是雨伞节的白子突变），带回家养后被噬，差点送命时，我是完全的理解，因为这也是我会干的事，我相信若小时候真的带条蛇回家，父母大概也不会太吃惊。

小时候住的是眷村，空间小得可以，院子狭仄得晾了衣服就难旋身，而母亲还让我在那儿摆了个大澡盆，常年养着鱼虾螃蟹龟鳖之类的水族，至于不满 3 坪大的客厅，除了人来人往、猫狗喧腾，各式家具上能置物的空间，也被我瓶瓶罐罐养了无数鱼和虫。尤其是溪沟里捞来的三斑鱼（台湾斗鱼），怕它们打架，更得一瓶一只隔离饲养。所以有时坐卧其间的猫咪伸个懒腰，即刻便惹来一场灾难，鱼要救、漫了水的电器也要救，还有一地的碎玻璃要收拾，但也没见母亲抱怨，只听父亲慨叹，以后搬家有院子，一定要帮这个小女儿挖个水池，好养鱼养个过瘾。

后来真的搬家了，虽有些院子，但要找到安置水池的空间实在不容易，为此父亲对我一直心存歉意。现在我有了自己的家园，院子大到可以容纳好多的同伴动物，还可以挖两个大水池养鱼，一大堆水生生物也不请自来，如果父亲知道了，一定会欣慰不已。

其实除了这两口池子，紧挨着我们的地缘，便是一条清澈不已的溪流，约有十米宽，即便是枯水期，这溪流顶多是水位低了些，却从未影响它的澄澈。溪里孕育无数生命，鱼虾仍是大宗，鱼有溪哥（有的已大到20厘米长，鳍尾俱滚了黄边）、石滨、一枝花、香鱼（有人放养的），以及保育类的台湾鲴鱼，也就是俗称的苦花。至于鲈鳗，虽难见其踪迹，但不时会听到有人捕获，所以只要看这些鱼种，便明白这溪流的水质有多么好。

每天清晨，我们喂鹅时，会顺便撒一些麦片在溪里，这些蒸熟喷香的麦片，总能引来一群又一群的鱼族来抢食，后来喂得久了，一看到人影出

清可见底的小河

现在岸边，溪里便是一阵骚动，鱼族们纷纷奔走相告："吃饭啦！吃饭啦！"瞬间便聚集了三五百只的鱼儿来觅食，这不禁又让我们有些焦虑，若是遇着垂钓者，它们也那么欢欣雀跃，不就倒大霉了！于是我们只得在溪底扔些树枝杂草，让那些钓者知难而退。

这溪和人的脾气有些像，愉悦时轻轻缓缓地流淌而过，上游下游的鱼儿们可以来来去去串门子，有时其间夹杂着几尾鲜橘的小锦鲤，想是从人家池塘里投奔自由出来的，虽说鱼种不同，看它们彼此倒没什么嫌隙，一样在水洼深处快乐戏水。

但这溪也有生气的时候，只要雨水落得急些，水流即刻变了颜色，黄浊的水奔流而来，水位顿时涨到令人心惊的地步。若遇到台风，那溪真可用暴怒来形容，不仅水位涨到三米高，连溪底的大石头都会因为滚动碰撞，发出轰然巨响。有时站在伸手即可碰触到水的岸边，看着急速冲过眼前的滚滚黄水，听着那轰隆隆的响声，真的会被大自然的力量慑服，我也终于明了为什么有人把河川取名为"怒江"，因为它们暴怒起来，真的是令人印象深刻。

等水退了，溪水恢复了原来的澄澈，才会发现溪底的地形地貌全改变了，除了大石块全换了样，连靠岸的杂草杂物也全消失了踪影，这时的小溪特有着一种清新的风貌，彷佛一切又重新开始，它借着一场大雨洗涤了自己，也把人们制造的脏乱一并带走了。

当然小溪不只会带走一些东西，它也会送来一些礼物。曾经它送来一整群的白鸭，鉴于我们家的狗儿狩猎功夫高强，生怕这些鸭子沦为狗儿们利齿下的亡魂，只得抢先一步下水捕捉。先还擎着大网打算扑捞，却没想

大米和小溪

到这些鸭子不知是吓呆了，还是乖得可以，任我们手一伸、抓着脖子就上岸了，有的还一抓就两只，跟采果子一般利索。那回一共抓了 12 只鸭，也不知如何处理，最后只得送给高山族邻居去也。

后来时不时的会有几只野鸭闯入我们这段水域。这野鸭就没那么好对付了，因为它们会飞，但又飞不远，那扑扑跌跌的模样，对狗儿来说简直是挑衅，若未实时制止，狗群们即刻就会展开围捕动作，这时我们便如临大敌般，一边制止狩猎者，一边驱赶误入险境的猎物，这所有动作都是在布满石头、湍急的水流中进行，哇！那真是高难度的任务。后来有经验了，每当警报响起，众狗儿们对着溪里狂吠，第一件事就是先把狗儿一只只拴起，狩猎者无法动弹，再好整以暇地赶走那些笨鸭子。

这溪还会带来另一样宝贝，那就是石头，每次大水过后，总会从上游冲下一些奇石，像白玉一般呈半透明状的“白萝卜”、关西著名的黑石，以及一些形状奇特的怪石。有时我也会下溪里捡拾，但是浸在水里，尤其是流动的溪水里，再经阳光照耀的石头特别的美，一旦捡回来搁在空气中，它们就像失去了水的鱼儿，消失了生命，原本的光泽全走了样。于是我又把它们放生回水里，让它们回到自己的家，它们在那儿才会恢复生气，才会快乐。

住在山里，最重要的就是水源，尤其是自来水到不了的地方，汲水方不方便，水质好不好，关系着这块地能不能住人，虽然我们喝的、用的是自己地上的涌泉，但有这么一条溪相伴，还是让人充满了安全感。这溪也让我们的生命丰富了许多，虽然它不是专属于我的，但却常唯我所独享，这是多大的福分呀！

我家门前有小河

仲夏友人来访，这溪便成了我们的客厅，大家坐在石头上促膝而谈，两畔绿树成荫正好遮去灼灼烈日，双脚泡在沁凉的水里，甚至整个身子都浸在水里也可以，任饱含水意的凉风吹抚着周身，炎夏里还有比这更惬意的享受吗？

但多半时候，我喜欢静静坐在窗前或阳台上，看着溪里的鱼儿们，因啃食青苔翻着鳞片，看着各种鸟兽来此饮水觅食，看着这小溪从我眼前缓缓地流过，它就像生命的长河，是不会回头的，它会奔向那儿？这不重要，重要的是沿岸的风景，以及它所孕育的无数生命，如果你愿意静下心来聆听，那湍湍溪水会告诉你一个又一个属于这些生命的故事。

我的绿色伙伴

又到了采绿竹笋的季节了。

种竹子的人，通常旧历年前要先修竹，把一些杂枝修去，可堪使用的老竹子，也可趁此机会砍收晾干，开春搭花架、做瓜棚都很好用。等年过完了，再堆些新土在根部，接着就可以等收成了。这绿竹笋是可以从端午一直吃到中秋的。我在地缘不过种了几丛，便连着几个月天天都有得吃，有时一场雨过，便可采得半桶鲜甜得不得了的嫩笋，够我做出一大桌的绿竹笋大餐。色拉笋当然是少不了的，若冰镇的吃腻味了，还可以佐肉丝、鱿鱼丝爆炒，红焖也不错，不过我的首选还是笋汤，起锅前丢些九层塔，那鲜美呀！真是南面王不换呀！

我撒的凤仙花种

刚上山时，我也曾很认真地整理出一畦菜圃，种些不会招虫的青蒜、韭菜、大葱，茄子、青椒、西红柿也种过，而其中最好养的就是瓜属之类，只要给它搭个棚架，它便会自动飞檐走壁起来，完全不需要照顾。有一回买了苦瓜苗回来，种下后却忙得没时间为它搭架子，等个把月后看它爬了满地，才赶紧把棚子搭好，顺便请它上架，哪知这一捞却捞到个丝瓜宝宝，难不成我搞错了，当初种的不是苦瓜？我狐疑地继续把瓜藤往架上搁，可了不得了，这回出现在眼前的果真是苦瓜娃娃了，这到底是怎么回事？我摸瓜顺藤的终于找到了源头，才发现两种瓜都出自同一根部，我当时惊讶的好似看到两头蛇般，不知该喜该忧，这是新品种？还是畸形瓜？

花瓣上有露珠的梅花

邻人听到我大惊小怪叙述完后告诉我，那是为了让苦瓜不那么涩苦，便把苦瓜苗嫁接在丝瓜苗上，待等瓜藤开始生长，便要把丝瓜苗掐除。但我的丝瓜藤已铺天盖地长得好欢腾，怎忍将它去除，于是便由它们自由发展吧！没想到这两姝竟争相开花结果起来，丝瓜个头虽不大，却鲜甜得不得了，而苦瓜也娇小玲珑，精美得令人只想拿来把玩，不忍吃下肚。那一个夏天它们俩真像在竞逐，餐桌上的瓜品佳肴是从没断过。

后来住久了，时常接受邻人馈赠，他们的蔬果质优，比我种的要好太多了，且这家送、那家给的，我们根本吃不完，常常还拿到山下和朋友分享，所以后来便干脆不种青蔬了，改种香草、罗勒、香椿、紫苏、艾草、迷迭香、香茅草、蜂香草……朋友来时，随意到院子里抓几束花草，便可冲一壶风味独特的花草茶，还最好用透明的玻璃壶冲泡，一边啜饮，还可以一边欣赏花草在壶水中舒展。而其中最好种的，也是我最喜欢的就是薄荷，有时在地里忙，经过薄荷丛摘两片叶子含在嘴里，一股清香便直扑脑门，人整个都清爽起来了；而具有“海洋朝露”之称的迷迭香，散发的则是高海拔山林的气息，挨近它，满满的芬多精味便弥漫周身，人会因此沉静下来；至于那香椿则是不断向上窜，等惊觉它高得不像样时，已完全采撷不到它的嫩叶了，所以目前我们家的香椿拌豆腐还没着落。

在山上大家有一个习惯，就是互赠花苗、树苗、果苗，也因此我们的地上各种奇花异果都有，柿子、甜柚、莲雾、橄榄、柠檬、百香果……连咖啡也种了三棵，而且每年都按时结满亮红色的果实，因为咖啡豆的制作过程颇费事，我们家的猫咪又不肯参与“麝香咖啡”的制造过程，所以那些豆子便由鸟儿当点心去了。

最近正是桃李盛产季，我们的桃树还未发育完成，倒是那十几棵的李，很争气地又开花又结果，观赏食用都兼备了。旧历年间怒放的李花，白得似云朵攀满整树枝桠，一阵风过又似雪花飘落满地，美得不可方物。它的花期不长，仅仅一个礼拜左右，但因为接着有果实可期待，所以看着花开花落倒不致心生感伤，接下来便可一天一天的看着那像黄豆般大小的果子渐渐长大，到端午左右，便长足到乒乓球那么大，等让阳光上了红彩便可采收了。今年我们采了三大桶，都分送给邻人朋友去了，自己留下的一小盆撒了盐和糖就可以吃了，树上红软的是连腌都不必，直接吃就甜香得不得了，不仅是没撒药，连肥都未施，纯正的天然有机。

我种的蜜柚收成了

我种的柠檬

我种的咖啡

我种的莲雾

我们这块野地之前无人耕作，已休生养息了几十年，不仅污染无虞，且地气挺旺的，几乎是种什么就长什么，有时无心放生个发了芽的地瓜在草丛里，它也恣意生长得好不快意，没隔多久就无限供应起地瓜叶。至于原本地上的鱼腥草、金钱草，乃至长在岩壁上常被竹鸡拿来筑巢的山苏，也是茂盛得不像话，我知道它们都可以食用，但正常可食的蔬果已这么多，怎么都轮不到它们呀！也许、也许，等到闹饥荒再说吧！

至于潜藏在角落悄悄生长的各式菇类，则引诱我不时想要染指，有的像海滩上半张的遮阳伞，一把把躲在石缝里；有的像小凉亭，坐落在枯树旁；有的则就像朵花直接开在老树上。不管是亮褐、雪白，全都肥滋滋的诱人垂涎，在许多国家有专门帮人把关各种菇菌是否具有毒性的检验，可惜台湾没有这样的服务，所以每次都让我好生挣扎该不该“冒死吃河豚”。另外在一些朽木上也会看到木耳及灵芝，那灵芝像一片片的云朵嵌在已老的台湾水柳及破布子上，好像一列一列小阶梯，可供山林中的小精灵攀上树梢，好可惜我们地上没有牛樟，不然孳生其上的灵芝就更是宝贝了。

其实只要是自己地上生产的都是宝，无论它是原生的或后来种植的，天天看着它成长变化，等待着它饱满成熟，采收时的心情就是不一样，除了喜悦还多了分感恩，我真的没有多余的时间照顾它们，有些甚至是种下便忘了。像那株百香果就是如此，三年前种下的，直至今年它攀墙扯树默默长出一串串大到像圣诞装饰球般的果实，才惊觉它的存在，也才发现它的主藤已从小拇指粗细，茁壮到小婴孩手臂了。这样的情形总让我有坐享其成的羞赧，但它们似乎一点也不以为意，每天仍欢欣鼓舞地生长着。

来到山上居住后，我一直向往有一天能不假他人，过着自给自足的生活，有时看着围绕着自己生气勃勃、绿意盎然的庭院，真有种梦想不远的喜悦与感恩。我要谢谢这些绿色伙伴们陪着我，我也要谢谢周遭的青山净水滋养了我们，我所能想象的天堂也就是如此了。

天然有机的木耳

令人垂涎的菇

与虫共舞

春末夏初的桐花季来临了，随着山林披上了一层婚纱，行经的路上亦是一地白雪，我们是远观不过瘾，还在自家地上种了几株，邻人不解地问种这干什么？种些有用的不好？对我们来说，能在自己地上看着这如云似雪、花开花落的油桐，便是无用之大用，不然满园子怪树一大堆，难不成还真砍了它们来用？这油桐果真好长，初春种下时不过30厘米高，现在却已到腰了，还冒出一大堆新叶，难怪之前会拿来李代桃僵忽悠日本人。

满山坡的桐油花

油桐花开便也代表进入萤火虫季，小时候见怪不怪的东西，现在却如珍宝般看待，偶然遇着了，便要大惊小怪一番，好在搬到山上看多了，遂又见山又是山的不为怪了，不过有时临睡一熄灯，惊见屋梁上一明一灭的，仍是会惊呼出声。

住在山上什么昆虫都有，尤其是天一黑，屋里点上灯，没多会儿玻璃窗上便布满了各式各样的虫虫，活像昆虫展示馆，而且这些活物不时的便在你眼前上映着弱肉强食的戏码。最常出现的狩猎者是螳螂，出手之快、狠、准，真令人心惊，偶尔树蛙也会来轧上一角，也不知它是怎么攀爬至我们二楼玻璃窗上，腆着一个大肚皮在那狩猎，令人忍不住要隔着玻璃去搔搔它那鼓胀的圆肚肚，但多半时候它是撑不久的，没吃两口小虫，便在我惊呼“哦！哦！肚皮、肚皮！小心！小心！”声中，慢慢滑了下去，显然它掌上的吸盘抵不过那肚皮的重力，但隔一会儿，又会见它东山再起，重新跃上玻璃窗，继续它未竟的晚餐。

在我们的虫虫展示馆中，除了各种大小的飞蛾，其他最大宗的就属蜉蝣及椿象。蜉蝣通体透明呈米黄色，好似半成品，一开始我还当它是刚刚羽化的蜻蜓，直盯着它好长的时间，才确定它不会再多做变化，就打算这么面市了，而且随即发现它的保鲜期忒短，不过一日的光景便灰飞烟灭。这若换在强说愁的年岁，怕又要写出不知什么自觉隽永的句子慨叹一番。但如今清楚知道，这就是大自然的定律，且较之于宇宙恒亘的生命，我们的百年和蜉蝣的一天又有多大的差异?

我们屋子的门窗甚是紧密，但不知怎么的，这些虫虫就是有本事登堂入室，有时莫名其妙地就出现一只斑斓的蝴蝶在挑高的空间里飞舞，你也不能说它飞得不快意，但屋里没花没草的，怎么看就是不对，只得动用鱼网将它们请出去。而最乖张的就是椿象，不等天黑便成群结队潜进屋来，请它出去还六脚朝天赖皮，若硬是动手抓它，便会惹得一手怪味，说臭也不是，就是一股很化学的味道，又有些像茴香、荷兰芹的气味，要洗好几次才能祛除那怪味。有时它还不请自来地钻进被窝里，直至溢出怪味泄了底，才被驱逐出境。

至于那长手长脚的蜘蛛，更是变幻出各种造型展现在你面前，人面蜘蛛不稀奇，但要像我们山上块头那么大的，也真是少见。它们所织出的网幅员之广更是惊人，有时横亘在整个池塘上，扯的丝线足有四米宽，令人纳闷它是怎么完成这巨大的工程的。池塘周边并无大树让它晃荡，难不成边吐丝边游渡过去？或者它真有本事一跃四米到对岸？而它所布建的网真是精致到无可挑剔，常令我好生挣扎到底该不该插手救那些误触“法网”的各式飞虫。

我不知为什么对蜘蛛一族总充满了好感，即便是大如婴孩手掌的“拉蚜”，在我眼底也是可爱的化身，尤其它不结网不致造成困扰，所以便让它四处游走。听说它是蟑螂的克星，因此在我心中更具分量了，可是这看似威猛的大个子，遇到天敌却完全无招架余地。我便曾看过一只蜂属之类的飞虫，追着比它身躯大上好几倍的拉蚜猛攻，那亡命的拉蚜七手八脚狂奔，却仍被螫了两下，瞬间便不支倒地挂了，我这才更体悟到在自然生态里，任你再怎么孔武有力或冰雪聪明，总有想不到的天敌等着平衡你。

还有一种蜘蛛，身体有一颗毛豆大，腿却纤细不成比例的长，每每行进时，都让人担心它那细到几乎看不到的脚，如何撑持起那豆大的身子。它移动起来果真也吃力，我完全不明白造物者当初是如何设计这对象的，而它之没被物竞天择自然淘汰，也算是奇迹了。

不过造物者的作品多还是经得起考验的，甚至绝大多数都称得上精品、极品，蝴蝶的斑斓就不必说了，那孔雀蓝、石榴红的豆娘便美得不得了，还有茶金、荧光绿的金龟子，红底黑点俏皮的小瓢虫，翠绿到不行的螽斯、蚱蜢，都令人赞叹不已，连令我起鸡皮疙瘩有毛无毛的各式爬虫，都不得不令我佩服。我是住到山上后，才知道毛虫种类有如此之多，颜色各异不说，连毛的长短分布都大异其趣，有的头上还长了犄角，身上五彩斑斓，和元宵舞龙的造型有异曲同工之妙。

其实我从小就怕毛虫，怕到神经质的地步了，刚上山时，仍会为这问题所苦。有一次“荒野协会”的朋友来玩，我诚心地请教他们如何克服这障碍，其中一位会友，随手便拾起一只黑毛虫，放在手臂上任它游走，并告诉我：“你不觉得它们好可爱？”他这举措仍让我鸡皮疙瘩爬满身，但当下我便告诉自己，有人可以如此亲近毛虫，它们就一定有可爱可观之处。自此，我便学着用不一样的眼光看待这些吓了我大半辈子的虫儿们，我试着把它们想成我钟情的猫女们，黑毛虫便是家里元老级的“乌兹”、“东东”，毛长到会中分的灰毛虫，则是学生捡给我的金吉拉“卡卡”，当毛虫卷缩成一球时，不就是猫女盘着身子熟睡时，当毛虫蠕动行走，不正是猫女匍匐前进追逐戏耍的姿态，以此类推的去诠释所有毛虫的行为举止，我发现情况真的改善了许多。

但最后、最后让我的恐惧完全释放，则是因为一场台风，那场台风来得凶，许多的树被吹得东倒西歪，连坡坎都被冲坏了好几处。风灾过后面对满地疮痍，有些无奈，有些伤心，就在这时，我看到石阶上出现了四只粉红色的小毛毛虫，成一列纵队像火车般的向前行进，看着这些小生命，我突然感动莫名，原来我和它们一样，都是浩劫下的幸存者，在这喜怒无常的大自然中讨生活是真不容易，真真难为它们了，当时的我真想给它们一个拥抱。

如今，我不能说是完全克服了对毛虫的恐惧，但至少至少我觉得和它们，和所有的虫虫，和所有的生命是处在同一艘船上，就算做不到亲爱精诚，也不需反目成仇、自相残杀吧！而惭愧的是，它们哪杀过我们，不都是我们出手相迫的，而且当我们这么做的时候，似乎不需要原因，也不需要理由，好奇怪不？

霸王蕾丝鹅

（一）

入秋了，明显地风凉了，阳光也翻金了，这样的天候最适合在屋外留连，拿把花剪四处晃晃，这儿修修、那儿剪剪。因为夏还未远、绿仍浓郁，又加上总狠不下手，这样的剪弄只像搔痒，全无关大局，也不甚有成就感，因此多半时候便在秋阳下和狗猫厮混。

最近多添了两口鹅，也常伙在猫狗堆里厮缠，来时五六个月大，待了两个多月，不过就是个不满周岁的幼儿，却狗畏猫惧的，已成我们家的小霸王。其实它们咬人并不痛，但那昂首阔步的气势，恶猫凶狗都要走避。最近开始试放鸽子，它们便有了新的任务，常追着那对鸽子满园跑，鸽子急了振空一飞，它们是连制空权也不放弃，妄想紧飞其后，只可叹再怎么卖力挥翅也顶多离地 30 厘米，让人不禁纳闷那对翅膀生来何用，换双手不是实用得多？

这两只鹅叫“大大”、“甲甲”，来自大甲溪的缘故。早想养鹅来驱蛇，省得入秋后老是一大堆傻蛇误闯我们地里遭狗猫蹂躏，但又怕鹅吃溪里池里的鱼，所以迟迟不敢付诸行动。后来才打听真确，鹅虽有些暴力，却是素食的拥护者，这才赶在夏天至大甲觅来两只棕灰色的土鹅，很可悲的它们是论斤两购得的，一斤一百一，两只十来斤所费不赀。

“大大”、“甲甲”头一天来便能听人语，第二天放出栅栏便黏人黏得紧，人走到哪儿就跟到哪儿，人越多它们就越欢快，第三天它们已能和

两脚朝天耍宝的甲甲

人对答如流，早晨下楼便伙着狗猫拥到人身边，若你蹲下来寒暄，那不得了了，它们必在你耳边聒噪不休，连来帮忙的阿姨经过，都忍不住说："又在告状了。"听它们急切的语气，确实像是在数落猫猫狗狗的恶行，但以它们的凶悍程度分析，我相信恶人先告状的成分居多，所以听听就好。

这两个月来，只要在地里出现，它们俩就算不是亦步亦趋地跟着你，总也保持在视线所及范围内活动，有时我快动作地走远，就会听到背后急促的"嘎嘎"声，一回头便会看到这对呆头鹅慌慌张张又笨拙地挥动它们那双没什么用的大翅膀追着你来，且是满眼的怨怼。每次带它们到溪里戏水，看着它们浮游、潜水，不时还要宝来个倒栽葱、两脚朝天，有时瞅着它们玩得开心，想悄悄地先溜回来，但前脚才上岸，它们就跟着鸣金收兵，摇摇摆摆打道回府了。

它们爱吃草，尤其爱吃我手里的草，我只要坐在地上看猫看狗，它们俩一定会踱到我身边，咬咬衣服、掐掐肉、拔拔扣子。它们最喜欢研究的是我的手表和露在拖鞋外的脚趾，有时被它们弄得瘙痒不堪，就只好拔拔草来分分它们的心。同样是草，它们就是要抢我手里的，拔累了便忍不住问："满地都是草，为什么不自己吃？"它们便很理直气壮气壮、歪着头回答："啊？"为什么？当看到地里冒出肥壮的蚯蚓时，它们一样会歪着头研究，口里发出"咦"的困惑，会赢得它们发出赞叹之声的只有山萵苣。至于迎宾送客时高亢的呼叫，仔细听还是可以辨别其间的不同，客人进门时兴奋居多，客人离开手上又多拿了什么时，呼叫声中就多了那么一点警告的意味，难怪古早乡下人常养鹅看家。

我一直以为所有鹅都是如此善于言语，且不吝于分享它们的思考过程，但邻居一同去大甲抓回的另一对鹅，就安静得很，它们的主人来看过大大、

甲甲后，便很纳闷地说：“我们家的鹅不说话耶！真的不说话。”其他朋友来家也不禁迷惑：“原来鹅是这样的！”其他鹅是不是这样我不知道，有时我也很怀疑，它们是特别聪明还是特别笨，聪明到能和我灵性相通，还是笨到把我当成了鹅妈妈。

大大、甲甲在饮食上是很挑嘴的，生的饲料敬谢不敏，只吃煮熟的碎玉米、麦片，且必须是当天烹煮的，于是我们特别为它们准备了个大同电饭锅，每天早起料理它们的口粮。有一次我问善于养鸡的保姆阿姨，鸡能活多久，阿姨讪讪地回答不知道耶，因为她们的鸡是养来吃的，一岁左右就该去投胎转世了，那么我又该去问谁鹅的寿命有多长，因为我很想知道必须伺候这两只刁嘴鬼多少年月。

现在我们不仅是自己的鹅不吃，连外面的鹅也不忍下肚，照这逻辑推断，鸡大概也会在禁食名单里。凡是养过的动物，有了认知、有了感情，真的很难再把它们端上桌当食物看待。爱养鱼的我，自小就不肯吃淡水鱼，也是这个缘故。所以未来若有缘遇到无人要的猪、无人养的羊及牛，全然不吃肉是值得期待的。不过昨日自家的鸡生了第一颗蛋，该不该吃呢？最后决定先把它搁在冰箱，且等下一颗蛋出现再思索吧！

霸王蕾丝鹅（二）

有一阵子，庭院里甚是热闹，除了狗儿猫女近四十只，还有十几只鸡、四只鸽子、两只鹅满地跑、满园飞，热闹有余却也令人头痛。首先便是清理不完的屎尿，再来就是处理不清的纠纷，除了族群间的争斗，还不时会发生内讧，这时若狗猫又来轧一角，那才真是混乱，总之，就是个鸡犬不宁。

就当我要心生怨怼之际，不想一个寒流来袭，这些鸡鹅鸟便迅速锐减，我这才知道它们像消耗品一样脆弱。在一波浩劫中，不仅元老级的妈妈鸡小英不保，连那最灵透的大大鹅也消香玉殒，最难过的除了我，就是它的伴侣甲甲了。

我们一直不太清楚大大、甲甲的性别，从外观看，两个都该是女生，它们都没有明显突出的头冠，但较凶猛的甲甲却始终扮演着护花使者的角色，凶狗凶猫什么都咬，就是不准别人靠近大大，因此它又有了一个新名字叫“猛甲”，也因“义气是肖小”的电影《艋舺》来的灵感。接着，又看到它们有交配的动作，于是我便认定甲甲是只性征不明显的小子。

后来大大开始生蛋，这猛甲更是护窝护得紧，平日亲人的它，看到我们靠近，竟会发出“嘶嘶”的警告。正当我想夸它这个做爸爸的真是好样的，没想到它竟然也生了一颗蛋，一颗形状很怪的蛋，有些像大一号的淡水鱼丸。猛甲似乎比我们还不能接受这个事实，它气得把自己生的这颗圆筒状的蛋给啄破了，即便后来不小心再生了两个蛋，也一样被它给毁了，

霸王蕾丝鹅嘎嘎（甲甲）、呜呜、啦啦

好似把这证物给销毁了，它便仍可以选择当自己想当的雄鹅。

我们知道大大生的是空包蛋，便把蛋给取开，但大大仍按照生理时钟孵蛋，一步不肯离窝，猛甲也守在一旁不愿离开一步，甲甲还肯吃饭，但大大则全没胃口，即使拿它爱吃的山萵苣送到嘴边，它也只勉强吃几片，也因此后来寒流一来，它才会体力不支往生了。

大大走后，甲甲失魂落魄到一种地步，满园子“嘎嘎嘎”地找它，连吃也不吃，喝也不喝，看得人心痛，只得再去找了两只小鹅回来安抚它，没想到它一夕之间转了性，母爱大发的完全把这两个小家伙当心肝宝贝来疼，亦步亦趋地跟前跟后，比当初守大大还守得紧。大概也因为这个缘故，这两个小鬼不大亲人，总是黏在甲甲身边不让人靠近。

有时想摸摸它们，也是左闪右躲的拿它们没辙。除了一次较小的那只不知误食了什么，站在草坪上、嘴支着地、动也不动，我原以为它要挂了，抱着它说了很多告别的话，忍不住还亲了它的头和眼睛，没想到上课回来，它竟然完全康复，仍旧是一尾活龙，想必原来是吃到什么具有麻醉效果的植物，才造成这场虚惊。

沿袭了“艋舺”闽南语的发音，这三个宝贝目前名字是嘎嘎（甲甲）、呜呜、啦啦。那曾被麻倒的小啦啦特凶，比猛甲有过之而无不及，它大概忘不了我曾趁人之危轻薄过它，所以只要看我接近便发声警告。此外，它特喜欺负狗，尤其是家中最凶的大米狗，常骑在狗肩上狠命厮杀。大米算是很有德行的，只有在进食时才会回嘴，几次看它怒吼地把啦啦地头含在嘴里，把我吓都吓死了，但事后检查却毫发无伤。

可能正因为如此，啦啦也不怕，下次狭路相逢，同样的情况还是会发生。前几天我一下没注意，狗鹅混战再度开打，这回大米大概是真火了，下口重了些，我拉开它们后，终于看到啦啦急忙往窝里奔逃，那落荒而逃的模样让我不禁大笑起来。说真的，我是第一次看到这全家第一凶的霸王鹅如此狼狈，也希望得到教训的它从此收敛些，我们的院子也就不会再上演这鸡飞狗跳的画面了。

常和啦啦鹅大战的大米

邮票猫

一次在外行走，墙角窜出一只黑猫，缠着我的脚步，轻拍着我的脚跟，快乐得不得了。伫足逗弄它，便发了疯似地啃咬，还抱着我的手不放。少见这么不怕生的猫，更何况是黑猫，这与我原有的邮票猫理论着实违背。

从小家里猫口之众，如过江之鲫，除了一只友人托养的雪白咪咪，眼珠一蓝一黄略攀得上名门外，其他皆属正宗土猫。数目虽多，但花色不脱黄狸、灰狸、三花、漆黑、雪白、玳瑁、乳牛、白底灰狸、白底黄狸、乌云盖雪。

猪猪与 MARCH

在还没有结扎观念的时代，家中长年养着两只生产力旺盛的母女猫，母亲甜甜、女儿斑斑，均是白底灰狸猫。年年春秋两季母女俩均会准时生产四至五只两窝乳猫，花色多是灰狸、黄狸、三花、漆黑或白底花各一只。时间之准、套色之全，犹如邮政单位发行邮票。

邮票一套一套地出，也因此研究出一套邮票猫理论。黑白橘的三花猫必是母猫，公的只有万分之一的概率，若真出现了，那就是标准的日本招财猫了。这三花猫对人充满莫名的信赖，亲人得很，即便是第一次接触也不认生。而黑猫多半孤傲、离群索居，不太喜欢与猫族共处，与人的关系亦是若即若离，它们会撒娇，但并不黏腻，就算很爱你，也只会蹲踞在一个角落默默地注视着你。全橘猫脾气则有些火爆，把它搞怒了，可是翻脸不认人的，对同类毋需动手、动口，只要双眼一聚焦，对方便会鸡猫子喊叫吓跑了，在猫族中很有老大气质。全灰狸则傻不隆咚的，一派天真烂漫，人缘猫缘都好得很，但也很会吃，一不小心就会心宽体胖变成个大胖子。至于白底黄狸也好、白底灰狸也好，都是意见特多，爱说话、爱抱怨的猫。

像我现在身边的猪猪，就是个吵死人不偿命的白底黄狸猫，它的尾巴不只短一截，还卷了一圈，“猪猪”之名便是这么来的。会收它，是因为看到两三个月大的它在马路上逛大街，让人惊出一身冷汗。把它带回家，它倒也大派，整个屋子巡了一圈，便扯开喉咙抱怨起来:“就这样？就这样？这么一个烂屋子还带我回来？”它的嗓门不仅大，叫声还拉得老长，我算过，它的叫声总超过十秒以上。后来它长成公猫特有的大块头、大脑袋、大腮帮子，却仍怨声载道整天拉警报，好像我什么时候欠了它八百万。

其他白底狸猫虽不似猪猪这般怨天尤人，但只要跟它们说话，它们绝对会跟你一搭一唱、没完没了。而同样爱说话的邮政总局甜甜活得很久，

猪猪在洗衣服

晚年却糊涂得厉害。一次哺乳期间，有一刚捡回来的半大猫小米，潜进它怀里吸奶也无所谓，完全视如己出，一切作息也比照襁褓办理。待小米吃饱喝足拍拍屁股打算走人时，糊涂甜甜按生理时钟推算，巨婴小米怎么都不到离窝时刻呀！便焦急地唤它回来，小米听到那母猫特有的叫声——“喵……”，不仅不回应，还拔腿就跑，甜甜见呼唤不回，便亲自出马拦劫，半大的小米被它叼在嘴里拖拉回窝，完全无法抗拒这坚定的母爱。也因此在几次脱逃失败后，小米便认命了，窝在一群只有它体型四分之一大的乳猫中，两眼茫然，彷佛在自我催眠着：“我是婴儿！我是婴儿！”

最后几窝猫常在这糊涂妈妈反复搬家后无疾而终，有时下着雨，便见它湿淋淋地叼着小猫进出，搬到一半便看它坐在那儿发愣，先以为是累，后来才知道它是在思索，因为一阵忙乱后，它已忘了自己来自何处？欲往

何去？儿女几许？所以每搬动一次，便折损邮票一枚。有一回在数次搬迁后，终于无一幸存，母性的本能让它无法接受这个事实，当它发现女儿斑斑和另一组邮票在院子里享受午后阳光时，它便悄悄挨近并仰躺下来。但显然那些孙儿们对它这野人献曝的行径并不领情，以致它不得不采取更激烈的手段，半偷半抢地衔了只小猫就跑，结果是母女反目，做母亲的被女儿斑斑甩了几巴掌，悻悻而去。

斑斑长得十分漂亮，生养众多却不失迷人气质，脸短而圆，一双蓝绿眸子直刷到耳际，自它所出的邮票枚枚质量保证，每只小娃儿收拾得干干净净，该受的教育也从不缺少，包括磨爪子、爬纱窗、开门、跃墙、夜间训练、猎物及野外求生。教授狩猎之前，斑斑必先猎一活物予稚子戏耍，或壁虎、或蟑螂、或蝴蝶、或四脚蛇、或麻雀之类的小动物，这时猫科残忍的猎食本性便表露无遗。

野外求生更可看出斑斑尽责却也天地不仁，一早它会携子往后山出发，众邮票雀跃于后好似出外郊游，约莫一个钟头后，做妈妈的会先回来，卧踞在墙头。一开始我们不解，总要问它：“娃娃呢？娃娃怎么不见了？”它被问烦了，索性眯眼打起盹来，随后两三个钟头，依聪明才智的高低，一枚一枚的邮票会先后归队，这期间若插手去带小猫回来，必惹来斑斑极其怨怼的眼神。

有时不解，处在现今环境里，哪只家猫不是饭来张口、茶来伸手？天塌下来也有人顶着，斑斑到底在担心什么？坚持的又是什么？同样是猫妈妈，这些教育甜甜就省了。

甜甜和斑斑最后和大多数的猫一样失去了踪影，在那样的年代，猫是很少死在家里的，尤其公猫成年后，几乎都在外面浪迹，吃饭会回来就要偷笑了，因此家中猫口的管制不似狗来得严谨。近十几二十年来，周遭的环境变了，车多人多、高楼大厦更多，猫族要在城市里讨生活并不容易，就算有斑斑那样尽责的妈妈，把孩子教得一身好本事，在这都市丛林中却是半点用也没有呀！

所以，我不禁会想，如果斑斑活在现今的环境中，它会怎么做？干脆束手？还是继续坚持自己的育儿方式，以保有猫的些许尊严？

猫与猫屋

从铜锣救援回来的小虎，有史以来最爱狗的猫

红冠家族

那天夜半被屋外九芎树上的鸡群给叫醒，怎么喝斥也止不住它们的啼唤，从窗子往外一探，一轮满月正跃过屋顶，在无光害的夜空中，完全就似日头高悬，无怪乎这群司晨的公鸡会看瞥了眼。

唉！我们家的这群鸡真个是“无心插柳，柳成荫”呀！一开始会想养鸡是为了训练家里的狗儿们不抓别人家的鸡。我们家的女王狗“华光”，当初就因为流浪在外，吃了邻人三十多只鸡，且听说每当它得手时，会把鸡甩在脖子后，以便纵逃，这行径自是让人恨得牙痒痒的，我们只得用诱捕笼把它逮回来，不然早晚会被人毒死。

出草时，会把鸡甩在脖子后，以便纵逃的华光

把它带回家后，好生驯养，吃食不缺的，但就是忘不了打野食的乐趣，只要一放风，便要到邻人处猎食，为此，也不知赔了多少钱和烟酒，之后就只能拴着

红冠和它的娥皇、女英

养，看它那闷气又有些不忍，便想自个儿养鸡试试，不相信它会连自家的鸡都吃。于是邻人送来三只鸡，一公两母，公的叫“红冠”，它的冠长得真是鲜红欲滴，另两个女生一叫“娥皇”、一叫“女英”，而它们一只黄、一只花，所以也可以是“小黄”、“小英”。

我们为它们一家三口准备了一口大笼子，白天任它们在院子里游走，晚上就好回笼子安眠，但这红冠是打死也不肯进去。第一天用扫把赶，它老兄便直飞到对岸投奔自由去了。第二天早起过河去找，怎么也寻不着，直到正午突然听到它在对岸草丛中“哦哦哦”啼叫，认准方位再次过岸用扫把一轰，它就又飞回来了。自此什么事也不敢勉强它，怕它一火又离家出走。

小黄、小英两妹真是蕙质兰心，才入住两天便一唤就来，且肯就着人的手吃食，不时还让人抱在怀里抚弄。红冠虽心高气傲不肯亲近人，但却疼老婆疼得紧。平日带着两妹在院子闲荡，只要有好奇猫狗靠近，它一定冲向前怒张着羽翼捍卫，此外若觅得美食，必发出奇特的叫声，呼唤老婆来享用，平日小黄、小英睡笼里，它老兄便睡在笼子上守卫，但值寒流来袭，它便甘冒被囚禁的危险，进笼子陪伴老婆，且是张开自己的羽翼，一左一右地护拥着它们，真是新好男人典范。

这小黄、小英入住没多久便开始生蛋。当我第一次捧着刚生还温热的蛋，心底真是感动，从小嗜蛋如命，吃了不知多少的蛋，却第一次亲睹它的生产过程，真是令人惊叹呀！而因为家里猫狗多，每回小黄、小英都要踯躅好久才选定下蛋地点，但不知怎的往往选了好久，却是最危险之处，有时竟然站在墙垣上就打算生了，且常是屁股朝外打算来个空投，害得我只能在一旁守着，等它们一下蛋便接着，不然全便宜了那些狗儿们，但也因此我在它们眼里成了个偷蛋人，每次生完蛋，它们便会恶狠狠地回头瞪我一眼。

后来邻人劝我们，即便不宰不吃，鸡的汰换率仍高，可能的话，还是该未雨绸缪多繁殖一些当备胎。于是我们便把已收集了的蛋，托人用孵蛋机孵化，没想到成功率特高，一孵孵出了13只，有纯黑的，有米底带褐纹的，却没一只是标准小黄鸡。其中一只特皮，因背上有个阿拉伯数字“7”的花纹，所以取名叫“小七”，这只皮鸡特爱飞踢别的手足，要不就如履平夷地从其他兄弟身上踏过，若有小虫飞进它们的箱子，也唯有它会半飞半跳地捍卫自己的领空。

狗狗会看护鸡，只要有好奇的猫靠近，狗儿们便会做驱赶动作，那意思应该是“这是妈咪的宝贝，我不能动，你们也休想”

一时之间，家中突添如此多口，真有些让人忙不过来，光是换它们箱底的报纸，一天就要十来回，因为它们是吃得多、喝得多，拉得也多，不时还要放它们在院子里跑跑跳跳，这时便要全程看护，幸而有两三只狗会帮忙守卫，只要有好奇猫靠近，狗儿们便会做驱赶动作，我想那意思应该是："这是妈咪的宝贝，我不能动，你们也休想！"有时小鸡玩得欢愉，一下刹不住车，还会跳到守卫狗的脑袋上，只见狗儿动都不敢动，直待我冒着冷汗把小鸡挥赶下来，狗儿才松口气地吐起舌来，我知道这需要多大的克制力，才能压得住狗狗捕猎的天性，这些在它们面前蹦蹦跳跳的小球，不是美食是什么？真真是难为它们了，至此，倒真的达到了当初养鸡的目的了。

幼鸡是完全看不出性别的，但当时我觉得小七肯定是个男生，因为随着年龄渐长，它那"佛山无影脚"是愈来愈地道了，却没想到最后长成了，却只有它一个是女生。邻人这时又发话了："不妙！公鸡如此多，会打架打到死。"好在我们是放养，地够大，就算争风吃醋，弱势的也有地方可躲，但要命的是它们一扯开喉咙大合唱起来，便惊天动地的吵死人，而且它们不仅司晨，任何时刻兴致一来便引吭高歌，几次深夜友人来电，听到这背景音效都惊疑问："这是什么声音？"别怀疑！正是吾家众鸡儿在月夜里吊嗓子。

后来邻人看我们家公鸡长得身强体壮，毛色璀璨，精神抖擞，便要了去当种鸡，因为它们的鸡群近亲繁殖，身形愈来愈小。我们当然愿意割爱，唯一的条件就是不得宰杀，于是这些有名字的宝贝鸡便挪移大驾到他处快活去了。目前连红冠、小黄父母鸡，家中总共是五公二母，之前小英因病消香玉殒时，最后守着它的除了我，就是红冠了，即便是小英已断气多时，红冠仍守在它身边不忍离去，这让我对它更是肃然起敬。

无聊到发慌的MARCH；不小心在猫砂盆外窥探母鸡小七的蛋，便被狠狠罩头就啄，于是便看到一只鸡骑在一只猫身上在院子里奔窜的无厘头画面

小七接替了小英的位置，故又可称之为“小妻”，这小七不久后也加入了生产的行列，它选择生蛋的地点却是在猫砂堆里，弄得那个猫咪厕所只得它一人专用，就算把它的蛋拾走了，它还是按照生理时钟坚持留守孵空蛋，在这21天的孵化期，它几乎不吃不喝，这又让我忍不住想插手，不时送牢饭，供应它最爱吃的狗饲料，或忍不住抱它出来伸展筋骨。似这般探望它的还不止我一个，另一位则是常被我们称为“无聊到发慌”的MARCH少女猫，时不时也会在猫砂盆外探头探脑的。一次我又把小七抱出来散步，它喝完水、拉完屎，正准备回猫砂盆继续尽它的天职，不想眼一瞥看到MARCH猫正在十步之遥，这真是仇人相见分外眼红，它一个箭步冲过去，飞扑在那只还处在无聊发慌状态的猫女身上，狠命地罩头就啄。我猜想那一刻MARCH一定以为自己大难临头被什么猛禽捕获，所以当下

本能的只顾奔逃，于是便看到一只鸡骑在一只猫身上在院子里奔窜的无厘头画面。

小黄的聪明才智也不在话下，有几日它突然失踪了，我就知道事情不妙，它铁定躲到哪个角落偷生蛋去了。等它再出现时，我便决定跟踪它、没收它的蛋，因为我不想再让“柳荫”无限扩大下去。这小黄彷佛洞悉我的企图，于是便跟我玩起躲猫猫的游戏，只要感觉我在看它，便无事人一般在地上游走觅食，一旦瞅着我不留神，它一晃眼就不知躲哪去了，这真是一场斗智游戏。后来是另一只比它还贼的“熊熊”女狗发现了它的窝，衔了一颗蛋放在我面前，又带我去找，才在石壁上一丛山苏中发现了它生的八颗蛋。这地点不仅选得好，而且让我十分惊叹的是，平时它们在生蛋前后都会“咕咕、咕咕”叫个不停，很有炫耀的意味，而小黄在生这些蛋时，是如何隐忍不昭告天下的呢？它是如此处心积虑想拥有当妈妈的权利，于是我决定不打扰它，就让它完成自己的愿望吧！而这也让我明白了，生命真的会找到自己的出口的。

有时我也会怀疑这样养鸡，究竟是对不对，也许它们来到世间，原以为一个寒暑就可以再重新去投胎转世了，我却长时间把这些灵魂拘留在鸡的身躯里，对它们会不会反而是一种限制？但每当我坐在台阶上，看着这群羽翼丰美到无法形容的队伍，像阅兵一样昂首阔步在我面前踢着正步时，虽然我完全不知道它们在雄赳赳、气昂昂些什么，但看起来当鸡似乎也没什么不好，或者说当我们家的鸡没什么不好，有近700坪的地让它们游走，无限的虫虫、玉米和狗饲料让它们享用，还有本该是天敌的狗狗为它们守卫，不时还可以用“佛山无影脚”踢踢无聊的猫咪。嗯！这样的鸡，我也有些想当呀！

黑妈的贼女儿熊熊，发现小黄孵蛋处的熊熊

鸟事二三

八 哥

最近从鸟店救回一只八哥，会说“救”，是因为去买鸽子饲料时，看到它生存的环境实在堪怜，便忍不住把它带了回来。它不是我养的第一只八哥，早在女孩子时就收养过一只二手成鸟，原主人说它能人语，如果假以时日。整日对着鸟笼牙牙语是件颇蠢的事，没试几次我便放弃了。

此鸟除了洁身自爱好洗澡外，最喜欢抢食橡皮筋，尽管我已把屋里的橡皮筋捡拾干净，但每次放风，它总能在各个角落搜寻到漏网之鱼，怕它真把橡皮筋吞下肚，随即便展开一场人鸟大战。稍有洁癖的大姐始终不解，为什么这样的情景每天都要反复重演，鸟羽鸟粪也总在最不该出现的地方出现，她连最后通牒都不发，笼子拎到屋外就放生了。

第二只八哥则是友人所赠，初来时羽翼未丰，蹲在盒子里尚需要人喂食。每次盒盖一打开，便见它羽翼微开、轻轻颤抖着，张着一口不成比例的大嘴向你索食，活脱你就该是从外觅食回来的鸟妈妈。我为它取名“阿哥”，因为八哥鸟生来就有种不畏人的皇族霸气。

喂食的动作持续了好长的时间，才知道同窝的另外两个兄弟早就自己进食了，而我和阿哥还沉溺在这天伦之乐里不可自拔。它视我的确不同，一屋子的人，它也能在雷同的脑袋中找到我的，然后安全降落，伸出一根

鸽哥，超凶

手指头，也只有我唤得动它，最怕它停在肩膀上，除了过于安逸容易失禁外，它也从不放过我颈项间的痣，那种除之而后快的狠劲，每每令人要翻脸。

家人来访，它便独独爱上父亲那一头银发，不时蹲踞其上，坐坐卧卧、理理银丝，这番盛情实在让人难以消受，用手用书驱之又来。然间父亲抓了条晨缕腰带一挥，竟吓得它跃地三尺落在气窗上大喘气，血液带来的原始记忆让它以为那是一条长虫，是怎么也惹不起的天敌，知道了它的痛脚，父亲索性将腰带搁在头上，自此人鸟相安无事。

与它同时，家中还有两只可卡、一只雪达，均是标准的沼泽猎鸟犬，但每当阿哥离窝出巡时，三只猎犬均像躲空袭似的各找掩蔽，谁倒霉被它相中来个鹭鸶骑牛背，除坐卧难挨外，当头被啄个两记，也是敢怒不敢言。后来雪达产子，阿哥也常巡到窝边歪着头研究，五条蠕动的大虫是如此可口，但要如何下手呢？必得雪达忍无可忍大吼一声，它才老大不情愿地踱步离开。

阿哥活得如此自大自在，我却常为它觉得不足，六坪大的客厅只够它挥拍两次翅膀，我不时想望它振翅翱翔的英姿，当它展开羽翼时，翅膀上的两抹白羽正像机翼上的徽记一般，飞机航行万里也有落地的时候，阿哥游倦了，它不回家会去哪儿呢？

于是，在一个清朗有风的早晨，我将它带到院子，打开笼子，它迟疑了片刻，跳出笼子，振翅一窜，穿过院首的芒果树，飞过斜瓦屋顶，迎着晨曦失去了踪影。

阿哥没再回来，我们共处了六个月，对一只羽翼已丰的八哥鸟而言，

它离窝的时间已迟了许多许多。

阿啾尖

那个饭碗大的鸟巢是忽然出现的，说忽然出现，是因为根本不相信会有鸟把巢筑在电视天线上，方圆几米内无大树遮蔽，下雨时固然令人心惊，烈日当头更怕它们一家子中暑，因为它们是全身黑亮的乌啾鸟。

这客家人口中的阿啾尖性情暴烈，俯冲时的气势直逼神风特攻队，常在田野间追得麻雀鸡猫子喊叫，我就曾目睹阿啾尖抓着一只白头翁幼鸟啄食，任旁边的父母鸟如何拼搏，它却老神在在的不为所动，气得也加入拯救行列，用拍手、用骂的，站在电线上的它仍无动于衷，最后我捡起石头想 K 它，却险些儿打到路人，只好眼睁睁地着这暴行发生却束手无策。

所以自从知道这对阿啾尖夫妻打算在那儿生儿育女，行经时总提醒自己目不斜视、态度要磊落，别让正在穿梭巡逻尽职的父或母有受觊觎之忌。偶尔抬眼望望，那一幅画面真让人有些忍俊不住，阿啾尖体型大而且长，它们筑的巢只容得下肚腹，首、翼及“Y”字形的长尾，突兀地悬在半天高，如此局促，真教人替它难受。

能看到幼鸟时，已是它们准备离巢时，毛茸茸一球一球似乒乓球大小，颤巍巍地立在天线上，风一过便教人捏把冷汗，除了周身乌黑，全无乃父乃母骠悍之风。出巢一天、最迟两天，这对父母鸟便会押送这几枚绒球，在一株一株杂树间转进，此时若有闲杂人等接近，这阿啾尖夫妻鸟是拼死也要护卫。

鸟巢是只供孵育下一代，而不具遮风蔽雨长期住宿之用，幼鸟一旦能飞便离巢不再复返。但这一家阿啾尖不知是恋旧还是偷懒，来年春天又见在此天线上生儿育女，令人好奇的是，这对夫妻是去年同一组，还是毛茸茸的乒乓绒球？

喜鹊与乌鸦

第一次发现如此硕大的鸟在此出现，并不知道它们就是喜鹊。它们不大怕人，常出现在墙头、马路上，待人车逼得很近，才心不甘情不愿地挪移大驾，也常见它在树干上和猫咪吵嘴，个儿大、嗓门大，猫咪也拿它没奈何。

喜鹊善筑巢，且依其穴口座向，可预知当年雨量。这是父亲告诉我的，在以前是没什么气象预报的，庄稼汉就靠这些鸟兽捎来的讯息，分析当年该种什么庄稼。上山后经邻人指点，我又多了些知识，比如观察鸟筑巢的位置，便可预知今年台风多否，鸟巢筑得愈靠近树干，表示来袭的台风愈多，相反，鸟巢筑得愈靠外、愈接近树梢，则台风愈少登陆。这几年经我细细验证，倒真的挺准的，我们不是常抱怨气象预报不灵吗？也许可以换鸟来做做看。

和喜鹊常相提并论的乌鸦，不知为什么来到中国就那么受嫌弃。在老家若晨起出门正恭逢老鸹子呼啸而过，必要吐口唾沫去去秽气；在台湾只有在高山上见得到老鸹子的踪影，因为难得，便少有人去计较秽气与否了。

老鸹子飞洋过海来到扶桑，顿时身价暴涨，不仅洗脱污名，甚且象征吉祥，东京乌鸦之众，似乎也非得作这样的解释，否则每人每天都吐口唾

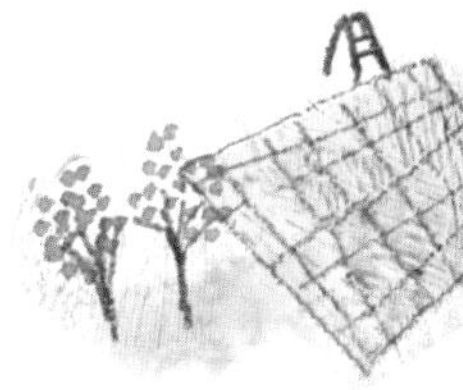

沫，整个城市也将淹没。

老鸹子居住在这世界级的大城市是十分自得的，除了神宫、御苑、公园、皇居可供栖息，新宿、银座的水泥丛林也常见它们徘徊流连。有一回游明治神宫，岔进小路闲晃，头一抬，天哪！少说有几百只乌鸦立在树上也望着我，我这是闯进了东京乌鸦总部了，白昼它们在此休憩，晚上就好到街上和猫咪抢食争地盘了。

有时站在新宿西口的商办区，看着悠然自在的老鸹子在林立的大厦间滑翔，与那形色匆匆的上班族真是相映成趣。有意思的是，反而在东京郊区的田野山林难得见到它们的身影，现时的老鸹子都到都会讨生活了。

如今已养成习惯，每天晨醒，必要在床上赖到喜鹊飞鸣而过，才觉得一天开始，才愿意起床。其实，喜鹊黑白相间的羽翼，及那略带金属摩擦的鸣叫，与喜感实在有些距离呀！

鬼脚七

看过《黄飞鸿狮王争霸》的，对戏中“鬼脚七”这号人物一定不陌生，每当他站稳马步准备拼斗时，脑袋总喜欢左摇右晃。我曾养过一只罕见水鸟，便有相同摇头晃脑的习惯，所以便为它取名“鬼脚七”。

这只捡自稻田的鬼脚七，有一身发亮的黑羽，脚爪和脸却是大红色的，羽毛的质地很像鸵鸟，粗糙油亮的完全不似一只幼禽该有。来的时候养在泡面箱子里，怕它寂寞，便放了个布偶陪伴，睡觉时，鬼脚七总喜欢窝在布偶下，知道我要喂食了，它会从布偶下窜出，叽啾啾地索食。

我一直好奇这怪模怪样的小东西到底是鸡是鸟，问了许多人，没一个答得上来，后来翻阅有关鸟的书籍，终于明白它是谁了。书中称它作“鹬”，是水鸟的一种，常在湖沼、河畔、水田间出没，很特别的是，它的脚呈爪状、没有蹼，却能在水面徜徉，长成后的鹬，外貌甚至有些像鸭子，习性也和鸭子般爱水，这是书中图文介绍的。

为此，我很发愁，那时还未住山上，如何找一个水池供它嬉戏？小澡盆？还是索性在院子里挖个小水池？起码要等它长得够大足以自力更生了，才好放回水田。

然而我的烦忧没能维持太久。平时家里同时养着狗、猫、兔子，彼此间也常在一起嬉戏，有时是狗含着猫脖子拖地板，猫也喜欢抱着兔子打滚，鸟则爱骑在狗身上逛大街，偶尔的惨叫声多来自狗儿们被猫抓重了或被鸟啄痛了，这种无碍的相处方式，使我疏忽了动物的原始本能。

那次放风前，鬼脚七已和家里众狗儿都打过照面了，每次在我叮嘱“娃娃！不可以咬！”时，狗儿们也总是晓事地嗅嗅它、摇摇尾巴。但是我万万没想到，当一只活生生的鸟儿在草丛中跳跃飞奔时，对一只狗儿、一只正宗的猎鸟犬可卡而言，鬼脚七单纯的只是一个猎物罢了，而且我还犯了一个大错，不该在情急之下硬去夺取狗儿口中的猎物，这只会使它含得更紧。当波咪听到我厉声惨叫松口后，只见鬼脚七往前冲了七八步，便倒在地上不再有动静，本能的，我抓起了拖鞋狠揍波咪，它也知道自己闯了大祸，不逃不躲的任我又哭又打，发生在眼前的暴行我无法忍受，但是更教我无法接受的是自己的颟顸。

鬼脚七的事情发生后，我不再天真地以为，众狗猫和兔子、鸟之间无

事相处即代表了和平与和谐，照动物行为学家劳伦兹的说法，那只是一种停战状态，碍于主人而产生的一种抑制行为，是不符合动物本性的。鬼脚七的死也许能防范往后类此的情形发生，但亲睹一个活生生的生命毁在自己手中，真的不是一件容易能忘记的事。

胖胖鸟

相处了六个月的阿哥去寻找自己的一片天后，因为担心它在外是否挨饿受冻，确实让我牵肠挂肚了好一阵子，每回在乡野间看见成群的八哥，明知徒然，仍忍不住要辨识其中有无阿哥的踪影，也顾不得旁人的眼光，对着稻田、电线杆便“阿哥、阿哥！”的呼唤起来。见不得我如此落寞的朋友，便将自己养了一年的画眉割爱予我。

在我以为，鸟儿就该自由自在地翱翔于天地间，但不知怎么的，廊檐下却常保持个三五只笼中鸟，其中一只白头翁是孩子上课时带来的，羽翼未全给把玩整治得差不多了，逼得我动用了老师的权威才给抢救了下来，翁翁生来羸弱，后来即便长大了，也不敢放生，只好继续圈养下去。廊下的鸟儿多有类似的身世。

而这怎么都推却不掉的画眉，也是从小就被人养尊处优带大的，一样是只无法野放的娇客。它且身怀绝技，才来第一天便学会猫叫，姐姐带小孩来玩，它也很快便学会“妈咪”的叫唤。它的另一项绝活是吹口哨，可以吹出《桂河大桥》的旋律，只不过吹不完整首曲子，每当吹到一半接不下去的时候，它就会在笼子里气得又叫又跳的，十分火爆。

它也非常不满意自己的尾巴，动不动就贴在笼底，尾巴朝上死命猛啄，初来时搞不清楚，每次听到笼子里一阵骚动，冲过去看它张着嘴在那儿气呼呼的，先以为是鸟爪卡住了，后来才知道它视尾巴为寇雠，非除之而后快不可，那尾巴经它戮力拔除，果真所剩无几，失去了尾巴，整只鸟看起来就像团绒球，“胖胖”的名字就这么来的。

胖胖不似一般画眉胆怯怕生，它的凶悍不下远走高飞的阿哥，只不过不似阿哥那般皮赖，它喜欢立在高处向下俯视，很有君临天下的气势，它那圆滚的身子，细瘦的双腿，完全是亨利八世的气派，搁在屋里时，连猫儿也不敢靠近。

后来我陆陆续续又收过许多的鸟，包括五色鸟、斑鸠，都是尽可能把它们养到可以独立生存便放走了，照顾它们并不轻松，尤其是幼鸟一天要喂食好几次，而肉食性的鸟类，还要为它们张罗蚱蜢、小虫等主食。我知道肉弱强食的自然法则时时刻刻都在发生，但要亲手而为，还真的是件苦差事呀！而且经人豢养大的这些鸟族们，真正回到野地容易生存吗？有一年冬特别酷寒，连续几天山上的气温都在五度左右盘桓，一日清晨，我便在廊下捡到一只五色鸟，身体还软的却已气绝了。我一直不愿去想，它是不是我带大的那只小小鸟，在这么寒冷的环境，它是不是找不到食物又回来找我了，只要念头往这想，便会难过得不得了，是不是因为我，它丧失了绝地求生的本能？或者，我根本不该把它野放了。

其实在豢养所有的动物同伴时，都有这样的挣扎，即便是猫狗也是如此，把它们关在屋里或拴着养，铁定是安全无虞、长命百岁的，但外面的世界如此辽阔，怎忍心桎梏住它们一辈子呢？因此我每每会自问，当质与量不能兼顾时，我会选择精彩丰富但比较短暂的人生，还是平实安逸活到终老？所以当我决定放手让这些身边的同伴动物走出牢笼，那么就要做好

心理准备去接受外面世界所可能带来的一切凶险，可是，当真实的状况出现时，却还是那么的难以接受。

我们的储藏室及鸽哥的家

我们家的食物链

说到众家儿郎的吃饭问题，唉！还真有些复杂。原本只有狗儿猫女的时候，便不单纯，因为狗爱吃猫饲料、猫爱吃鱼饲料，鱼虾则爱吃狗饲料，一个不留神狗儿便会跳上台子把猫食袭卷一空，要不就会看到猫儿很无聊地捞漂到池边的鱼饲料，不时还佐以水里的青苔，而来溪里钓鱼者众时，我们也会放置一些虾笼，捕几只鱼虾放入池中留种，而放在虾笼里最好的诱饵便是狗饲料，这是原本还算单纯的“食物链”。

后来添了鸽子、鸡和鹅之后，局面就有些混乱了，首先禽类虽都吃玉米，但鸽子吃的是完整颗粒，而鸡和鹅吃的是经过碾碎的，且还有生熟之分，而煮熟的玉米麦片奇香，则会吸引怪猫来抢食。

这只怪猫“宝宝”接手时才十天大，因为是人奶大的，所以行径实在不像猫，自从“大大”、“甲甲”入住后，它便立志要当鹅，除了跳进栅栏里吃鹅食、喝鹅水，还努力学习大口吃青草，吃喝毕便很安然地躺在鹅的站板上休困，那副宾至如归的模样常惹得“甲甲”火起，掐耳朵、咬尾巴、用脖子压，却只换来“宝宝”四脚朝天打滚道痒。唉！霸王“甲甲”面对如此皮厚的毛毛物也只有束手，所以全家也只有怪猫“宝宝”不怕鹅，因为它根本以为自己是鹅。

目前的状况是“大大”、“甲甲”、“宝宝”吃剩的玉米麦片喂溪里的鱼虾（它们真是爱死了），而那一夫二妻的鸡家族最近则迷上了狗饲料，甚至大胆到敢在狗的嘴边抢食，但它们居然对猫食一点兴趣也没，而猫除了继续吃鱼饲料捞青苔，也十分喜爱一种细草。唉！这又和“大大”、“甲甲”犯冲，所以每次要摘这细草喂躲在屋里的猫时，都得防着那两只鹅，不然它们会缠人缠到疯。

而去年冬天转寒，院里的荠菜开始冒芽，这荠菜就是王宝钏苦守寒窑赖以为生的野菜，炒蛋、包饺子、煎春卷都美得不得了。我刻意播种培育当宝一样疼，几年下来好不容易稍有规模，今年却悉数阵亡，因为“大大”、“甲甲”也爱死它们了，一开始我用求的，请这两只宝贝鹅高抬贵手，但屡劝不听后，便只好用赶的，但一不留神，便看到它俩埋首荠菜堆里大快朵颐，情急之下“臭鸭子”、“烂鸭子”便脱口而出，一个冬天下来，别说荠菜味没尝到，连那倒三角的种籽也无一幸存。啊，真是扼腕呀！

最近孵出六只小鸡，它们有专属的小鸡饲料，不想这又成了狗儿们觊觎的对象，每天吼吼地守在鸡笼边，为的不是小鸡，而是每天换食时那口不够塞牙缝的碎饲料。有时久等不着，便百无聊赖地去捡鸽子挑剩的玉米粒，咯嘣、咯嘣吃得挺有劲的，而桶里任它们吃到饱的狗饲料，却是一点兴趣也无。而这小鸡饲料还有一个妙用，那就是新孵出来的乳鸽还不会自己进食前，是需要父母鸽喂食的，若遇着经验不够的父母鸽，便需要人帮一把，这时可把小鸡饲料拌少许水，揉成条状塞进乳鸽喉管里，我们家里两只乳鸽便是被这么填鸭填大的。

每年梅雨季来，白蚁也跟着报到。山上的白蚁甚是硕大，平时不知它们躲在哪儿，梅雨一落它们便倾巢而出，首先会看到几只元老级如小兔子般大小的癞蛤蟆从各个角落鱼贯跃出，一口一只吃得好生利落，接着便会看到笼里的小鸡各个雀跃不已，争着飞扑误入笼里的白蚁，是谁教它们这

是美食的？因为它们的鸡爸爸、鸡妈妈就对这些满天飞的美食一点兴趣也没，倒是一旁的铁蛋青少年狗很受鼓舞，也捡拾了两只来吃。我很想问问它滋味如何？是不是和我们吃的咸酥虾有异曲同工之妙？

说到咸酥虾，我又想到了另只狗儿小黄识作珍馐的金龟子。平时它脾气好得很，猫儿在它身上左蹭右蹭，尾巴扫来扫去也从不抱怨，就算抢它嘴边的饲料、磨牙骨，它也叹口气就让开了，唯独对这金龟子是当仁不让的，几次看到它龇牙咧嘴都为了金龟子，吓得我赶开还赖在它嘴边不知死活的猫女们，转头想救那荧光绿的金龟子时，却早被它一口含在嘴里掐啦掐啦大快朵颐吃掉了，这又不免让我想要问它，滋味如何？像咸酥虾还是香酥蟹？

如今每天清晨、黄昏喂食时刻，便可看到我们忙前忙后的，要喂饱19只狗儿、19只猫女、3只挑食鹅、9只乱食鸡、2只夫妻鸽还不是难事，最累的是要让它们吃自己该吃的食物，这才是一大挑战。每当我们在喝斥它们狗不该吃猫食鸡饭、猫不该吃鹅食鱼饲料、鸡别抢狗食、鹅别夺我所爱的荠菜……时，总会看到它们一脸茫然，完全不知道我们在坚持什么？有时我也不知道自己在计较什么，也许它们就和小孩一样，不过是隔锅饭香，别人家的就是好吃，若放手让它们吃个够，说不定全又会吃回来，吃回自己该吃的食物，看看吧！哪天真来个食物大放送，看看这52张嘴（癞蛤蟆不算在内），会不会回到它们食物链里，扮演自己该扮演的角色。

龟

小学六年级的一次编班，被分配到和我共享一张课桌椅的，是一个从未照过面的男生，人前颇大男人主义，私底下却对我极好。相处月余，不时从家里捎来一些珍品悄悄地送给我，印象最深的就是一块黑砂糖香皂，一定是从他妈妈那儿拿来的。后来又陆陆续续送过我一只垂死的画眉鸟，一只会咬人的鳖。这鳖养在澡盆里，没几天便跑得个无影无踪，我因担心它找不到可栖身的水塘，因此有些伤心，不想，隔天他又不知哪儿弄来一只面碗大的龟，壳上还刻了字，约莫是人放生的龟吧！他告诉我龟比鳖好养，而且龟不会咬人。

这只龟确实不咬人，因为它对人全无兴趣，我一样把它养在澡盆里，狭仄的院子原就只够母亲踅身晾衣服，如今多了口大盆子，说有多碍事就有多碍事，妈妈隐忍了两星期，终于和我商量，那龟给圈在盆里像顽石一般动也不动，不觉得它有些可怜吗？老实说我早就这么觉得了，只是不知要如何善后，隔天便和那男孩商量，为这顽石龟另觅出路。讨论结果是捐给动物园。

于是那个周日起了个大早，和他结伴来到当时的圆山动物园，为了省两张入园券，他教我深吸一口气，把身子缩得扁扁的，我们便从旋转门的边缘挤了进去。寻到关养乌龟的圆笼前，管理员伯伯正在那儿喂食，我们好慎重地将乌龟捧在手上，正想展开捐赠仪式，只见管理员伯伯手一接，未等我们开口，转头便把我们的龟给丢进笼里去了，笼里少说有几十只大小不等的龟，转眼之间我们那口便当大小的龟便无法辨识了。虽然没敢指望得到什么感谢状之类的奖励，但受到如此待遇，仍是教人丧气。

后来那男孩要逗我开心，便带我去门口吃十元一串的烤小鸟，我们推让了好一阵，他才勉强帮我吃了那香酥可口的小鸟头，我一直不知道那一笔天文数字十元是哪里来的，正如他送我的那些礼物般的来历不明，但可确定的是，吃下那串香滋滋的烤小鸟，应是此生最暴横的经验。

小瑰龟

后来添了女儿，一次去台中港闲逛，一疏忽便见外甥女和女儿手上各携了一只鸡蛋大小灰绿色的龟，尽管小时候什么都养，但当了母亲后，却难免俗地对孩子养动物这件事百般挑剔，毕竟喂养的责任不可能交给三岁的小娃，可想见未来换水喂食的工作都要落在自己头上，但小龟已在手上了，也只有多瞪两眼付钱的大人以泄忿。

回程路上要女儿帮小龟取个名字，女儿坐在我怀里指着我衣服上的花纹图案说："叫玫瑰！"倒霉的乌龟？那可不好，"就叫小瑰好了。"结果转了一圈，还是叫小瑰龟。

小瑰的尾巴特别长，所以又叫长尾龟，它的尾巴为什么生得那么长，我不知道，但它一定没想到这长尾巴会为它带来一场灾难。就在我为它准备新家的时刻，客厅里传来一阵惨叫，外甥女急着告状说，女儿拎着小瑰的尾巴，把它当陀螺转。一脸无辜的女儿似乎和我一样困惑，小瑰为什么要有那么长的尾巴，不当陀螺转要做何用呢？在我郑重警告后，女儿不得不接受小瑰的长尾巴就是尾巴，它不需要有任何用途。

尔后也曾为小瑰找个伴，在夜市选了一只同种同大小的长尾龟，但此龟和外甥女的那只台中港龟一般寿命不长，来处一样，饲养方式一样，小瑰独能幸存，似乎只能以唯有它受过陀螺洗礼可解释了。

小瑰的家是一长方形透明鱼缸，里面堆置了一些雨花石，水保持在两厘米高，它多半喜欢浸在水里，长时间下来，却发现它的皮肤有些溃烂，只好把水位降低至爪的高度，溃烂情况改善了，但是喂食的工作也变麻烦了，因为小瑰不会直接吃递过去的食物，它只会吃漂浮在水面的东西。从此每当要进食，就得先将水重新注入，将饲料撒在水面，等小瑰吃完了，游个十分钟泳，再把水位保持在爪的高度，这样的动作每天要重复个三次。

来家里上课的学生都知道，击落的蚊子都要收集起来，因为那是小瑰的佳肴，时间久了，孩子们都训练得会控制力道，蚊子击毙却能保持全尸。至此，每当孩子们望着天花板苦思之际，漫游在空中的飞蚊，便可作为暂时逃避习作的借口。漂浮在水面的蚊子因着表面张力，会随着小瑰的捕食而移动，每当看到小瑰张着那口不成比例的大嘴，划动着四肢及那条长尾巴追食，那滑稽的模样总让我在它身上耗掉更多时间，而在此同时，我还有一堆猫狗、兔子和鸟要照顾。

随着冬日的逼近，小瑰变得十分懒怠，行动力减弱了，美食当前也无动于衷，我知道它要开始进入冬眠状态了，可是在此之前，我不曾见它像熊、像松鼠一般会先囤积食物在洞穴或身体里，我老担心它还没准备好就这样昏昏睡去到底是不是明智之举，于是我每天便挣扎于是否该唤醒它做劝食动作。有一天我还忍不住的倒了一些温水在鱼缸里，试着想让它活络起来，每当暖阳露脸，我也禁不住要将鱼缸挪至亮处，然而小瑰仍老僧入定地蛰伏在石头堆里，完全无视于我的努力。我终于明白它决定要冬眠，而且已经在冬眠了，或许没做好准备的不是小瑰而是我。

一个冬天下来，除了偶尔烦恼该不该帮小瑰换水，几乎是忘了它的存在，它也就像那些雨花石般不扰人地静静睡在鱼缸的角落里。

小瑰醒来的那个清晨，气温并无明显的回升，然而黄历上明明白白写着春天已经到了。似乎小瑰冬眠的开始、结束，与周遭环境无涉，它的脑袋瓜里自有一个时间表，它知道冬天什么时候会来，什么时候会走。虽然一天三次的喂食动作又要恢复，虽然拍击蚊子的动作又得小心，但小瑰的苏醒，仍是教人充满喜悦。

一季下来，小瑰换下了旧衣裳，放风游水时刻，发现它周身裹着一层碎烂老皮，游起泳来很不利落，便忍不住多事的想帮它撕，就像孩提时养的蚕宝宝蜕皮时，忍不住要用指甲尖掐它那小尾巴，好让它在蠕动时老皮蜕得利索些。

小瑰喜欢站在雨花石上向外巴望，我在屋内走动，便可见它伸着老长的脖子跟着转动，若走近去唤它，它便会斜侧着头，眼睛眨巴眨巴若有所思的模样，很像史蒂芬·斯皮尔伯格的 E.T.。有时它从石头上跌个四脚朝天滚下来，头往下一顶，很利落地就翻转了回来，显然小瑰的头要比尾巴有用多了。

我以为寒冬是小瑰唯一的难关，过了冬天就万事太平。春夏之际，我们忙着搬家迁新屋，除了固定的喂食，便没多余的时间搭理它，若照劳伦兹的说法，乌龟的行动迟缓，连步向死亡的脚步也缓矣，那么小瑰是什么时候开始走向死亡的？或者它是什么时候决定死亡的呢？进住新家的那一

天它还如常进食，但第二天便已干涸得像一块化石。年长后，我一直努力学着不为身边来来去去的同伴动物伤恸落泪，但我仍为小瑰龟步向死亡那段路程的孤独，久久无法释怀。

阿龟

后来因缘际会又收养了一只泽龟，来时有成人手掌那么大，没特别为它取名，就以阿龟呼唤它。我们把它和一堆小鱼养在大鱼缸里，为它堆叠了一些砖块好让它攀爬，有时也把它拿到地上让它在屋里走走。此龟甚是泼皮，常在鱼缸里追着鱼跑，它的行动自是比不过小鱼儿灵活，但它会使诈，有时潜在水里一动也不动，等鱼儿们已习惯它的存在，把它当块不会动的石头时，它会突然张开大嘴狠咬漫不经心游到它身边的鱼，弄得鱼缸里险象环生。有时我会气得抓它起来骂一顿，再不听，便把它背朝下搁在砖块上个三分钟，它也老神在在全无所谓，有一次还在处罚时撒了泡尿以示不屑，那尿且喷出个弧形，令人又气又好笑。

阿龟是个男生，龟要如何辨别性别呢？端看它腹部的龟壳就可知道，若是往里凹，就是男生，为的是交配时趴在母龟身上能稳当些，它也曾在很兴奋或很惊惧时露出它的性器，但遇到不明状况时，多半它会选择龟缩，把头脚尾巴全藏进龟壳里一动也不动，就像块石头般。

有一回阿龟下地散步，撞见家中天不怕、地不怕、什么都不怕的橘子猫，它又来个龟缩动也不动，橘子一样以为它是个石头，安然地趴在一旁正想睡大觉，阿龟这时突然伸出头脚挪动起来，顿时把个大胆橘吓得跃地三尺、落荒而逃。橘子后来长大成为家中的大哥大，任哪一只猫都禁不起它那犀利的双眼，完全无需动手动口，就能让所有猫叽叽歪歪吓跑掉，但

被阿龟吓到的大胆猫橘子

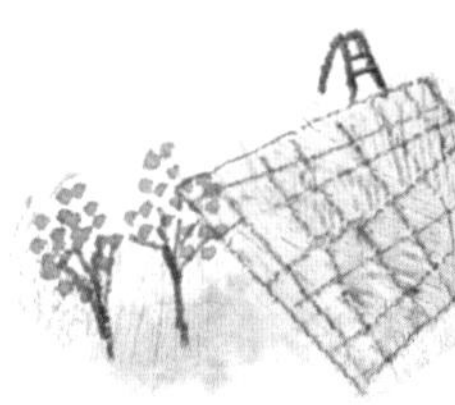

只要阿龟走到它身边，二话不说一定拔腿就跑。这可真是一物克一物。

后来我们搬到山上，挖了两个美美的大池塘，不让阿龟入住，难不成要关它一辈子？而且它生性泼皮，要适应自然环境也容易得多，经过一番长考，便决定将它野放了。之后一年没再看到它的身影，我以为它顺着池塘的水道游到了溪里，游到了大河，是再也不会回来了。没想到第三年，它竟然又出现在我们的地上，个子大了，却瘦了许多，龟壳也不像原来那么美丽光亮，甚至还有些裂纹，看得有些心疼，但这就是回归大自然、自由生活必须付出的代价呀！

我急着帮它张罗了一些它爱吃的食物，想至少留它一宿叙叙旧也好，但看它连食物吃都不吃执意要走，便只能尊重它的决定了。来年它又出现了一次，若照这频率，明年春我应该还能再看到它。

如今只要有人问到我们山上养了些什么动物时，我总会把阿龟算在内，哪怕我们两年才见一次面，但我知道它就在我们周遭游走，或躲在某个角落像块石头般睡大觉，但它一直都在着，我是如此期盼着。

关于命名

每当有朋友来访，看到我们猫、狗、各禽鸟之众，除了关切它们的食粮问题，还一定会问的就是："它们都有名字吗？""当然有，每只还不只一个名字呢！"看着他们不可思议的模样，我也十分不可思议。

橘子与乌兹

我一直觉得小说家最大的特权就是能为各色人物命名，在现实生活中顶多只能为自己的孩子取名字，有时又要顾及家族排行，又得听听算命先生怎么说，总之能放手胡乱取名字的，不是在小说中，就是在戏剧里。但我何其有幸能为过往生命中每个同伴动物命名，而且完全不必管它们喜不喜欢、与八字命理合不合，这真的是一件开心快乐的事呀！

怪癖甚多的烂宝宝

我们家最元老的黑猫，来时两个月大，正是最皮的时候，常在屋

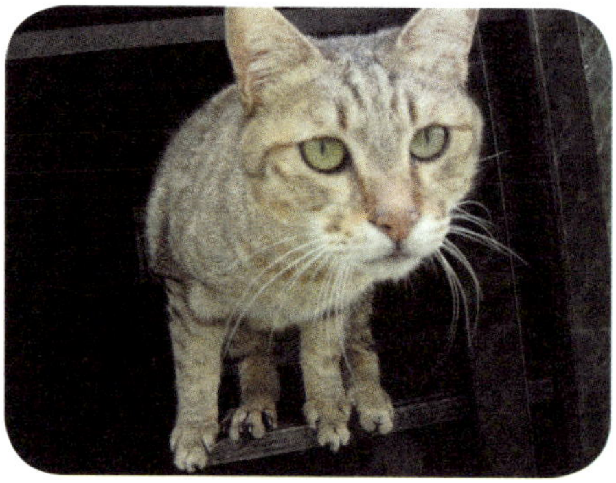

像顽皮豹的大笨虎

烂宝宝（左）爱欺负姐姐光咪

橘子（左）与柚子

里胡乱冲撞，打破了不知多少杯盘，我因此叫它“乌兹”，因为它就像冲锋枪一般破坏力十足，每当我气到拿布偶砸它，它便会赶紧趴在床中央，假装困着了。后来陆续收的几只猫来时都还小，男生乌兹却完全愿意当保姆的将它们带大，于是这些猫便沿袭了它的“乌”字，包括乌东、乌狸、乌豆。其间夹杂了一只棕灰狸，取名阿虎，又名笨虎，还可叫它顽皮豹，因为它每次做出什么蠢事又受到责备时，身形细瘦的它，就会露出顽皮豹那副很无辜的表情。

有一阵突然冒出许多橘狸猫，因为第一只取名橘子，接下来很自然就以水果来命名，柚子、柿子、小枇杷因应而生，隔了几年又一批橘猫潮时，则出炉了贝果、多拿滋、汤圆等点心名称。这贝果其实原来叫贝克汉姆，因为它乒乓足球踢得真好，运球过人的技术尤其厉害，它会为了增加后座力，而把自己倒竖在墙上，看准时机后腿一蹬，身子便像箭一样射出去，从那正在盘球的猫脚底下夺回球。

说到猫足球这种游戏，就能看出每只猫不同的个性。另一只叫蓝宝宝的猫，天性霸道，来时才十天大，原是兄弟两个，但它的个头硬是比弟弟大了一倍，接手时都已失温，弟弟没挺过来，只有它存活下来，来时一身灰，让我以为自己终于拾获了一只喊得出名号的俄罗斯蓝猫，于是便取名蓝宝宝，不想后来长成，灰色化成黑，仅留一撮白胸毛、一撮白肚毛，算是对原来的灰做了个交待。

此猫怪癖甚多，小时吸奶吸到一半会突然抓狂，抱着奶瓶又抓又踢，我说：“宝宝！冷静！冷静！”若还没用，就得把奶瓶抽出敲它一记脑袋，它才会真的冷静下来继续乖乖吸奶。它又特喜欢水，哪里有水哪里去，有时一不注意，便会把泡在水桶里的湿毛巾偷偷叼走，若它想喝水，却有别

最会踢足球的贝果、贝克汉姆

的猫在喝，它一定是把水盆拉到自己面前一人独享，这么大的水盆也亏它拉得动。至于众猫在踢足球时，只要它一下场，大家都别玩了，因为它会把球含在嘴里，又是一人独享。所以它虽叫蓝宝宝，但被叫成“烂宝宝”的时候居多。

好好一个名字却叫坏了的还不只宝宝猫，另一只被强酸腐蚀了后脚的哈士奇也是如此，它被人丢弃在龙潭大池，状况糟得不得了，后来送到台北叶力森医师那儿做植皮手术，每次清疮换纱布它都忍得住痛，甚至连麻醉都不必，所以我便唤它“小乖”，后来它的后腿保住了，但脚骨已给强酸腐蚀坏了，走起路来很像古代女子裹小脚的模样，有时干脆悬起两只后脚，拱成虾米一般行进。它的行动虽然不便，但丝毫不减那哈士奇的威风，凶这个、咬那个的，每天的纠纷有一半是它造成的，所以我又改叫它“小

每次放风必要全院子去问安的“铁蛋”

歪”，它的行为实在很有改善的空间。有时它懒得动、趴在地上，这时只要有什么经过它身边，它便会张开那森森利齿，含住对方不让走，意思是留下来陪它玩，因此有时我又叫它“鳄鱼”。

还有义工送来的“铁蛋”，是只还没长全、精力过剩的中大型犬，它是最后来的，在此地位最低，所以对所有前辈们极尽讨好能事，每次放风必要全院子去问安问好，连猫和鸡都是它问候的对象，有时跑步中竟还会摔个狗吃屎，这时我便忍不住要念它：“吼！没看过狗会跌倒的，铁蛋我看你改名叫笨蛋好了。”有时我人走在石阶上，它完全不管三七二十一，从身后就冲撞过来，让人险险就要滚下去，这时我就会气得叫它坏蛋，还好也就到此为止了，没把更难听的话给骂出来。

被强酸腐蚀了后脚，虾行的小乖

小猫放风时，大狗也会照顾

小乖很乖时

另一只大黑妈则是会算数的狗，它还带着三个女儿在路边流浪的时候，每次我去喂它、倒饲料的时候，我倒一堆它不吃，倒两堆它也不吃，直要倒了四堆它才开始吃，等我退得远远的，它那三只胆小的女儿才会过来一人一堆好好进食。那时和它说话总是妈妈长、妈妈短。后来把它们母女带回山上，仍以妈妈称呼它，但问题来了，每当我大吼“妈妈！别到处乱跑，给我回来！”时，我都会想邻居会不会觉得这家人的老母亲怎么是个街溜子，这么会跑！还有这家女儿怎么那么凶，对老人家如此没礼貌。唉！这是少数名字取坏的后遗症。

有时我们取名也和它们来自何处有关，比如“三民”哈士奇，“华光”妈妈狗、“大大”“甲甲”鹅；有的则和当时受瞩目的事件相关，吴淑珍钻石戒指新闻正酣时，我们便有一只叫“第凡内”的女犬；台风过境时则拾获一只“海棠”大狗，几天后回娘家，才发现家里也多了只“海棠”猫，姐姐的台风猫另还有“纳莉”，其他“SARS”（传染性非典型肺炎）“APEC”（亚太经济合作组织）“麻瓜”……看名字就可以知道它们是什么时候来的。

至于义工们送来的猫狗，多半名字都已取好，比如胖胖、小白、小黄、大黄、小黑、大黑、黑皮，看似不太有创意，但也不好苛责什么，毕竟她们经手太多猫猫狗狗了，至少没出现什么来福、招财、进宝的已经很好了，还有只要不弄错就可以了。我就曾在认养布告栏上看过一只叫“弟弟”的猫，性别却是女生，幼猫的性征不明显，会弄错也是难免，但这件事不知道为什么让我想到就遏止不住地想笑。

如果你问道，我们这么费心取名字，到底是有用没用，我会说放心，有用得很，多半我们只要当着它们面教个两三回，它就记得了自己的名字，而且不只如此，它们连别人的名字也认得，有时你叫某只猫或狗，其他成员都会转头看那被点名的人呢！不仅狗猫如此，连其他禽鸟一样知道我在叫它。你知道吗？每当我呼唤“甲甲”或“黄黄”时，看着这两只鹅和鸡朝我飞奔而来的模样，真的会令我感动到不行。

会算数的妈妈大黑

斗牛士

平时家里的狗儿是分好几种方式管理的，米克斯多半都是放养的，因为它们既不惹事，又不会离家出走。而需要拴着养的，都是有些状况的，比如会追车的、会打猎的，还有就是减肥中的，因为我们家狗儿用餐是自助式吃到饱的，有一两只在外流浪时饿惨了，来到山上成了个无底洞，倒多少饲料就吃多少，别的狗儿没得吃外，它们自己也像吹气球似的迅速胖到会危及健康，所以不得不拴着以控制食量。

至于哈士奇就一定要有犬舍拘束，若任它们在外冶游，其结果一定是跑得个无影无踪，这也不能怪它们，原该待在西伯利亚的哈士奇，据说活动范围是方圆十公里，那一望无际的荒原任它们驰骋，跑得再尽兴，也不易迷途。但在台湾这样复杂的环境，一旦脱了缰，等它跑够了，想找回来时路，已成了不可能的任务，所以我们常会看到在路边游荡的哈士奇，不见得是主人不要它了，有可能是它跑太远、找不到回家的路了。

我们便接手了好几只这样在外冶游的哈士奇，若带到兽医院扫描不出芯片，便只得先带回山上安置，等重新打理好，再为它们找个合适的饲主。而待在我们这儿的期间，就必须给它们一个够大的犬舍，让它们有足够的空间活动，又不至于如脱缰野马，再度流落街头。

没有一只狗是该流浪在外的，其中又以哈士奇为最，因为它们的体型太大，容易引人畏惧，而它那天不怕地不怕的个性，是不懂得隐藏自己的，

只能关着养的哈士奇

这般高调流浪的结果，往往很快就造成附近居民的困扰，要不也会使那块区域的流浪狗生态受到破坏，而且，若不及时插手，原本需要细致照顾的它们，身体很快就会出状况。

它那双层防水的厚皮毛，原是设计来防御零下40度酷寒的低温，却莫名其妙被不肖商人引进这亚热带地区。想象一下，这就好像在燠热的夏天，顶着大太阳，身上却穿着一件貂皮大衣一样。哈士奇在台湾每天忍受的就是这滋味。这也是为什么我们山上的犬舍已算通风良好，吊扇却三百六十五天没一刻停过，除了定时剃毛，每天还要为它们梳毛，稍微疏于打理，各式皮肤病马上来报到。

所以若任由哈士奇流落街头，那么很快它们就会成为一只癞皮狗，就曾有一位义工，在南坎交流道附近捡了一只皮毛已癞到完全看不出犬种的狗，带回家悉心治疗照顾后，才发现它原来是只哈士奇。这就是最现实的例子。

不管是被拴着的米克斯，或圈起来养的哈士奇，每天总有放风的时候。搬来山上后这事好解决，但回想起住在淡水及龙潭时，每次遛狗都是件苦差事。还住淡水北新庄时，一开始常跑大屯山的大自然公园，那儿腹地够大，景观也好，原很适合狗儿溜达，但那毕竟是风景区，会对游客造成骚扰，而且15分钟的上山车程，对狗对人都是煎熬，我就常被那已兴奋到不行的狗儿们淌的口水，抹得一头一脸。

后来搬到龙潭，在赁居的小区外缘，有一片两三甲地的茶园，散步、遛狗再方便不过了，只不过必须穿越一大片尺高的野草地，那儿是狗儿们玩躲猫猫及追逐游戏的最佳场所，却也最适合附近农家放牧水牛，于是不可避免的牛犬大战于焉展开。

每当带着一群撒欢的狗儿行经那片草场，一阵风过，捎来些许牛的气味，老波卡猎鸟犬波咪会仰起它那已然失灵的鼻筒嗅嗅，往空中茫然地吠上几声，算是聊尽生为猎犬的义务，至于其他狗儿则是毫无兴趣，只顾充分享受这一天最美好的放风时间，问题全出在那女生哈士奇COCO身上。

COCO精力无限、活动力强、力气又大，平常友伴们除了躲闪，没有一个敢跟它正面遭遇，也就是说它始终找不到一个旗鼓相当的对手，所以当它发现那只庞然大牛时，只有欣喜若狂可以形容。从初生之犊的直接冲突，到发挥狼的本性迂回欺敌，以至满场奔窜跳跃，所有的看家本领都使尽了，果真也把那头年轻力壮的水牛搞毛了，于是，一头喷烟的牛、一只状似野狼的哈士奇，便在那足球场大小的野地上鏖战起来。

灰色的斗牛士COCO(左)

两边主人一方畏狼、一方惧牛，只敢隔着老远叫嚷喝斥，搞不清状况的还以为我们在为各自的人马叫阵打气，眼见战况越演越烈，牛主人在对岸急得比手画脚说，如果拴牛的绳子扯断了牛鼻子，问题就大条了，而且这时平时常起内讧的其他众狗儿们，也有同仇敌忾欲下海帮忙的态势，为免事态愈发不可收拾，只得硬着头皮下去逮那肇事的元凶。在过膝的草丛中缉凶，真是高难度的动作，而且也才发现牛只狂奔时的速度简直惊人，为免混乱中遭牛抵，只得急速脱离现场，没想到这招反而起了鸣金收兵的效果，狗仗人势的狗见主人亡命，便也不得不归队，只是回程隔着老远，还听得牛主人怒骂之声不绝于耳。

尔后遛狗，COCO必用牵绳拴着穿过危险地带方敢放风，说得也怪，众家儿郎出出入入经过敌阵，牛儿全无异状，唯独COCO受到青睐，只要我们出现，那双牛眼绝不离开这匹母狼。一次我看牛主人不在，COCO也远在天边，隔着一段安全距离，我试着和那只牛套交情，尽管是对牛弹琴，我仍试图让它了解，我们并无恶意，COCO年纪小还请它见谅。当我说到COCO时，它居然有了反应，只是那反应不妙，我正狐疑它听得懂我的琴声时，眼角一瞥，COCO那灰色的尾巴竟然出现在我身后，同一时间，眼前的庞然大物已气冲牛斗摆出攻击的姿势，领教过此牛奔腾速度的我，考虑都不考虑拔腿就跑，要命的是COCO亡命的路线和我一致，原始的本能加绝地求生的意志，让我跑出了有生以来最快的百米纪录，若当时身旁有棵树，我也一定会以最快的速度攀上树梢，哪怕现实生活里，我是一个完全不会爬树的人。不过，最后拯救我的不是树，也不是我的双腿，而是拴在牛鼻子上的那根绳子。

我不知道如何形容事后那兴奋紧张又刺激的心情，记忆中除了小时候和玩伴偷摘梨，怕给园主逮到，有那么一次狂奔逃命的经验，尔后处在文明世界里，即使遇到切身之危，似乎也没有需要靠自己的双腿，这原始的逃亡工具脱离困境，因此我相信，当肾上腺发挥功能的时候，人的潜能绝对会在最短的时间中迸发，只不过，这对所谓的现代文明人来说，真不知是喜是忧？

所罗门王的指环

从小我就相信自己具有和动物同伴们沟通的本事，所以后来看到《杜利德医生》这类电影时，我真的是一点也不吃惊，不过我不会和它们用太复杂的语言，因为动物们的沟通方式很多，包括肢体语言、释出的气味……语言只是其中一小部分，因此，当我和动物同伴们说话时，也尽可能的简化，有些像和牙牙学语的幼儿说话一般。

有时一个长假全待在山上，少和人言语，却不觉寂寥，因为和狗儿猫女有说不完的话，其他禽鸟、虫虫，不常见的野生动物，甚至我的绿色伙伴都得听我叨叨絮絮，以下便是日常生活中，我常和它们说的话。

香椿

“咦？你为什么一直往上窜？我并没要吃你呀！长这么高，不怕被雷打到吗？”

溪鱼

“你们要聪明一点，要会分好人坏人，有的东西可以吃，有的不能吃，像那种很香的食物就别吃，虫虫可以吃，嗯……可是也有人用蛆虫钓鱼，所以有的虫虫还是不能吃……唉！反正你们要聪明一点就是了。”

毛　虫

“你一定要吃我的玫瑰花吗？你看叶子都吃光了，现在光秃秃的什么都没得吃了，快饿死了吧！没人这样吃东西的，活该吧！”

“呀，别吓我，你真的长得很丑耶！”

“你为什么要往屋里爬呢？外面树那么多、草那么多，等下被鸡发现，你就倒大霉了！”

霸王鹅

“臭鸭子！烂鸭子！一天到晚吃我的荠菜！都没别的好吃了吗？”

“不可以咬狗！”

“不可以欺负鸡！”

“甲甲！别咬蚱蜢！它又没干嘛！你又不吃它，咬它做什么呢？”

“看吧！就告诉你走路看路，现在跌倒了吧！”

“鹅出来了！大家快逃！”

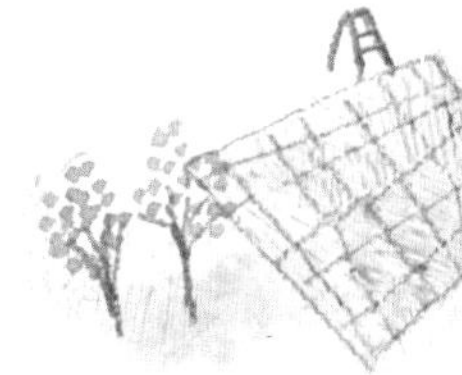

蜘　蛛

“我劝你别在这交通要道结网，等下被某人发现你就完蛋了！”

“拉蚜！我知道你很厉害，会抓蟑螂，可是不是每个人都喜欢你，我觉得你还是到屋子外去比较安全。”

椿　象

“不是我说，你真的很臭耶！”

“救你！救你！我是要救你，别翻肚皮。”

阿　南（高山族朋友叫它南蛇）

“出来啦？好久没看到你了，打雷把你吵醒了？”

“好多狗狗，是不是觉得很吵？真的很抱歉呐！”

“阿南！我觉得你还是跑远一点比较好，狗狗很凶也很烦人，在这里不安全呀！”

铁　蛋（家中最年轻的狗）

“你一定要这样咬我的手吗？好！你说！你要带我去哪里？”

“嘿！妈妈是拿来爱的，不是拿来咬的！”

鸽 哥

“你啄呀！你啄呀！谁怕谁！哇！你还真啄呀！”

“鸽哥！我劝你赶快带妹妹回家！等下大老鹰出来了，你就完蛋了。”

“这些树枝给你做窝的。啊？尺寸不合？你很挑呦！”

小 七（孵蛋中的小母鸡）

“吼！你很凶耶！吼！你真的很凶耶！嘿！你啄人真的很痛耶！”

“嘿！别凶！我只是看你生蛋没。哇！你啄人还真痛呢！”

鸽哥，超凶

公 鸡

“很吵呢！你们知道现在几点吗？半夜三点耶！”

“出去玩好不好？别挤在屋里拉屎！”

大 米（家里最凶的狗）

“你再叫！你再叫！喉咙都哑掉了，你知不知道！”

“你再吃猫饭你试试看！这么高的台子也跳得上来，为了吃，你还真是不择手段！”

最凶悍的大米

蓝宝宝（被人奶大的小黑猫）

“宝——哪里有水哪里去吼！很烦呢！”

“你不觉得这样欺负女生很没出息吗？它是你姐姐耶！”

“宝！水盆不是你一个人的，要懂得和大家分享，别像阿扁一样那么独。”

MARCH（最幼小的美少女猫）

“MARCH！不可以追鸡，你又追不到，很无聊耶你！”

“你真的很无聊耶！都找不到事做了吗？”

“你真是无聊到发慌了呀！”

斑　斑（每晚在路口等我的花斑猫）

“斑斑回家啦！别待在外头！外面有大野狼，专门吃小猫呦！”

常守在路口等我回家的斑斑

“斑斑回家吃饭饭，最好吃的肉肉罐呦！等妈妈发大财，每人每天都可以吃一个肉肉罐。”

乌　兹（家里最老最爱抱的黑猫）

“大兹！夏天好热，妈妈身上衣服不够厚，你又不会收爪子，冬天再抱好不好？”

“幺兹！很痛呢！妈妈不像你们有厚厚的皮毛，妈妈光溜溜的会受伤。”

“兹兹！抱抱！还是要妈妈抱？你答应妈妈要活到很老很老，再多陪妈妈久一点，你说的呦！要努力呦！”

最老也最黏人的乌兹

最老也最黏人的乌兹

罗马公路

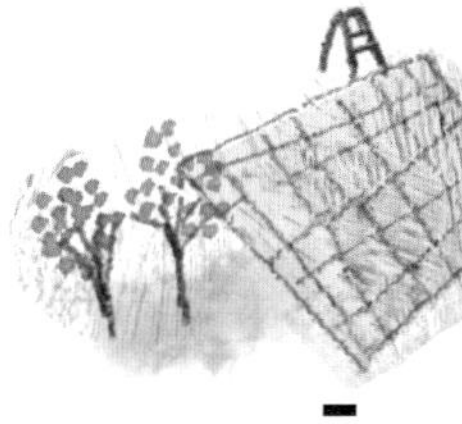

每当有人问起我住在哪儿，我会说我住在关西山上，若再问详细地址，我会语带促狭地说：“在山上地址是不管用的，跟你说了也找不到。”若还要进一步问，我能给的就是“罗马公路 35.5 公里”。

这罗马公路是何方神圣？好好一个山间道路，怎么取了个如此洋里洋气的名字？其实它之所以叫罗马，和意大利，和天主教是一点关系也没有，只因为我们住的这块区域之前是属于马武督部落，而这条起自新埔、经过关西终至罗浮的县道贯穿其间，“罗马公路”便是这么来的。

这公路是我们对外联系的唯一道路。刚住到山上时，这条公路还乏人问津，我每天出出入入通行无阻，若不赶时间，边开车边欣赏沿途风景，真的是赏心悦目。春末夏初是满山遍野的油桐花，整片山林几乎都被那雪白的花絮占领了，等一场雨过后，公路上又铺了一层五月雪，行经时躲不过，车轮辗过那白白的花絮，觉得这真是一条最奢华的公路了。

旧历年前后，若走一趟这里，便会发现山樱在路两旁夹道欢迎，而附近错落的人家庭院里，则是各式花卉争相斗妍，白的李、粉的桃、艳红的山樱，令人流连驻足。我特别喜欢好花生在寻常人家的姿态，那予人一种现世安稳的美好，风景区的千株花海，也比不上屋畔院角一棵恣意的桃或樱，我是这么觉得的。

罗马公路沿途也有不少景点，在十几二十年前游乐园还盛行时，也曾疯过一阵子，还好我们未躬逢其盛，等我们上山时原有的“金鸟乐园”、“金桃山乐园”都荒废了，因此我们曾度过一段美好恬静的日子。后来连续剧《绿光森林》在附近拍摄，“桃源仙谷”愈做愈大，民宿、庭园咖啡兴起，再加上原来的“统一度假村”、“石牛山步道”，一到周休假日，整个的罗马公路就只有一个嘈扰可形容。

后来更令人生畏的是自行车流行起来，这蜿蜒起伏很具挑战性的公路，便也成了健儿们的最爱。有时周六一早赶着出门上课，却被一群自行车困住，为闪躲一架突然拐出来的铁马，便被左侧正要超车的重型机车狠狠一瞪，隔着墨色防护镜，那眼神依然可以把你当场射毙。所以多半时候，你只能夹紧双臂，目不斜视稳稳地控制着方向盘，伙在一堆铁马车阵中蜗行。若你胆敢超车，那么很准的，即刻会有一辆重型机车从你耳边呼啸而去，哪怕你完全不知他是从哪儿冒出来的。

是的，重型机车也是很扰人的，每次过弯时，看到他那膝盖儿乎要磨到地上的夸张模样，你会忍不住祈祷：“千万别！千万别在我面前滑倒！”若不幸辗过去，那真就完蛋了。我就亲睹过这样的画面，在“统一度假村”前一个大弯道，机车骑士没控制好，人车擦到地面又滑到对向车道，最后卡在一辆行驶中的轿车底盘下。我车行经过时，眼角一扫便看到那躺在地上的人，完全不需要怀疑，那已是个失去了灵魂的躯壳，“一个生命就这么消逝了？”这让我难以相信，而我也永远忘不了当车轮通过时，因辗过他所流出的体液发出的声响。

也许事隔多年，他的亲人已然忘记了这个地方、这件事，但每天每次我经过出事现场时，仍会喃喃自语，很难相信一个生命真的就这样轻易消

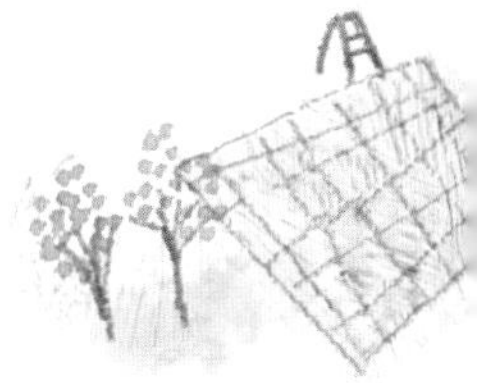

逝了。而其实会让我念兹在兹的还不仅是他，就我所知在这常走的路段中，就发生了不少令人难以理解的车祸。其中一件是一位酒醉者，却坚持要送友人回家，友人刚下车，他老兄往前开没几步路，便撞上路边坡坎无法动弹，友人怕后面来车会追撞，便立在车后挥手示警，没想到又飞车来了个酒驾，当场把那在后面示警的友人撞成重伤，送医不治。那晚我们正好夜归经过，只看到一地狼藉，还有一个愣坐在地上不断灌水以避酒驾测试的醉鬼。

另一桩车祸，则是住在我们上面一些的高山族同胞。一样是喝醉了酒骑着机车，又载着自己的儿子及邻居小孩，一路蛇行呼啸下山，行至一个转弯处和一辆游览车遭遇，结果大人当场死亡，小孩也一死一重伤。这起车祸造成严重塞车，车阵里有人下来查看，一看肇事死亡的不是自己的儿子吗？当场恸哭失声，匆匆忙忙联络亲友办起丧事来，哪知道到了晚上，住在城里的儿子却回得家来，众人是又惊又喜，才知道躺在棺材里的是儿子一起长大的朋友，不仅个子差不多，那天又好巧的穿着儿子送他的衣服，才会发生这样乌龙的事。这会儿要换另一家办丧事了。

唉！说来说去，都是酒驾惹的祸呀！也因此，每天我行经这些路段时，都会忍不住想问候这些年轻的往生者，他们会不会懊恼自己如此轻易就把生命丢失了呢？他们会不会还有好多想做没做的事呢？……

在关注他们的同时，我还得注意路边被弃的流浪狗，我一直不明白人们为什么会把狗丢到山上，难不成他们以为现在的狗还会打猎？满山遍野有猎食不完的兔子、竹鸡什么的？这些被人类驯化了已几千年的同伴动物，即便流浪也必须在有人类居住的环境中觅食，弃置在山上不是饿死，就是被车撞死，像我们这些动物保护义工想插手也难，因为它们随时躲在草丛中，病了饿了伤了没人知道，但每个假期过后，在这山路上，不时仍会有新的身影出现，你可能只会和它照面一两回，喂它一两次食物，连混到能挨近它都不可能，从此便消失了踪影，后来它们都去哪儿了呢？这是我想也不敢想的问题。

所以每天行驶在这条路上的我是很忙的，那天一位初识的友人，听说我住在罗马公路畔，惊喜地说这是一条她好喜欢的公路，有油桐、有山樱……我这才猛然惊醒，是呀！这是条很美的公路。近几年来因为那些自行车健儿，那些打扮得像魔鬼终结者的重型机车机器人，还有跑给我追的流浪狗，以及不时要问候已像老朋友似的往生者，都让我忙得无暇放怀去看远处的风景，若值春天一场雨过，更要注意马路上雀跃的蛙及紧追其后的蛇，常因此一路蛇行回家。但怎么办呢？这就是我每天在罗马公路上触目所及的事物呀！也许这也就是游客与住民最大的差异吧！

等待秋天

我真是怕极了褥夏，炙人的火伞咬得人皮肤躁痒，无法遁逃的闷热更让人脑袋混沌，在冷气间进出几次，头痛的宿疾便如影随形，这是在都市里，换到山郊一样令人难耐。

夏天的山上是没有什么建设性的活儿好做，邻居们互赠花果树苗早在五月底前就结束了，要再互通有无，得等秋凉或来春再说了。有时越过一道溪、一个山头串门子，也就是蹲在树下有一搭没一搭的交换各种制肥心得，多也是说说听听罢了，谁会在大热天真去搞那些费事又一身臭的活儿，现成一袋一袋有机肥撒上就是了。要不就是互相取笑彼此的杂草长得比花果还有规模。

每每看着自己庭院好大一片地，原也有许多的规划，这儿种些蔬果，那儿种些香草，但一到夏天，什么雄心壮志都消颓了。眼看原本郁绿的薄荷、柠檬草一一萎顿，几十株蔓生玫瑰也给猖獗的虫子啃食精光，只有鬼针草、藿香蓟拔得手都起茧了，还依然欣欣向荣。若这时硬要下海除恶务尽，其结果是才拔几根草、才抓几只虫，汗水便已像瀑布倾泄而下，眉毛完全发挥不了它雨刷的作用，汗水是直接灌进眼睛里，这又增加了工作的难度。有时做得辛苦，回首前几天才整治过的地，又已一片绿意盎然，夏季野草孳生的速度，永远超乎你的想象。

后来想通了，除草抓虫的活儿，索性束手，等到秋凉草疏叶稀时，再

众狗儿们在庭院大空地享受午后阳光

来个大扫荡、一并收拾个干净。至此，蹲在树荫石头上发傻的时间越来越多了。百无聊赖下，便收拾起自己的臭皮囊，这才发现清理出来的废料，竟是如此奇货可居，甚得各式蚁族的青睐，争相扛着我的皮屑好似举大旗般的欢欣鼓舞，这越发的鼓励我殷勤的收拾周身，恨不能倾囊相许。

今年立秋早已过了，打开所有感官仍嗅不到一丝秋的气息，但我宁可相信蚁族们是在秋收冬藏，而近日蹲在石头上躲着日头，不知是不是过于敏感，午后的阳光似乎金亮了许多，秋应该不远了，百无聊赖的我这么期盼着。

秋 收

紧挨着我们地缘，有块长满了芒草的河川地，不归我们所有，也不属于任何人，谁都可来此种菜种花的，只要不盖建筑物即可。会想整治它，实是觉得芒草猖獗，藏蛇纳垢的令人生畏，另一个无聊的理由是买了把新镰刀，想寻个不是来试试刀锋。

原本生态丰富的杂树林，现已成水泥停车场

芒草除尽了，没多久鬼针草便进驻了，鬼针草拔光了，紫藿香蓟又来扰人，如此没完没了不是办法，邻人建议种些有用的作物占地盘先，还给我两根晒干了的玉米棒种植，是从大陆漂洋过海而来的紫糯玉米。

种玉米看似不难，在空地上每隔 50 厘米挖个洞、丢颗玉米、覆上土

即可，但看似简单的动作要在大太阳下重复个上百次，对我这怕热又不耐久蹲的人来说，还真有些吃不消。汗滴禾下土之余，提醒自己下回或可仿效高山族朋友——拿根齐腰的竹子，走一步、戳一个洞、丢颗玉米，再用脚拨拨土覆上即可，连腰都不必弯，这门绝活真要试试。

播种后连日干旱，水管又拉不到那块地上，提水桶也没那力气，便任它自生自灭去也。不料一个多礼拜后，干到龟裂的黄土地上，竟冒出了一株株翠绿的幼苗，且完全不需要帮忙的继续抽高长大。三个礼拜后竟长至齐人高，还抽了花穗，腰间也鼓鼓的出现玉米宝宝，一株两只，不多也不少。

这时邻人又出现了，语带玄机地告诫我，此阶段切莫进入玉米田，不然打出来的玉米会像一口烂牙，问是什么道理，邻人神秘兮兮地说是经验告诉他的。信是不信呢？理智告诉我，算了吧！继续任它自生自灭，但好奇的我，就是忍不住挨挨蹭蹭地往玉米田里靠，想赌赌经我摸弄过的玉米会长成什么德行。

结果如何？没人知道。因为台风过境，近百株玉米一夜之间兵败如山倒，无一幸免。雨过风停收拾残局，只得两只堪可收成的玉米棒，不多不少正和我播种的数目相当，细细咀嚼“一分耕耘，一分收获”，还真神准得无话可说呀！

如今，那两只玉米放在灶台上，是要趁鲜吃了呢？还是留种明年再试试运气，还真令人费思量。

秋 火

在山上，火是最方便清理环境的工具，铲除的杂草杂树，以及扫不尽的落叶，只要充足的日照晒上两天，堆得像小山一般的杂草落叶，点上一把火，便只剩得一畚箕余灰，还可当肥料使用。

在我们新辟这块地时，连铲带拔的芒草、鬼针草不知有几卡车，之后铲除的蔓藤，及砍掉过挤或濒死的杂树，又不知几卡车，至于那些扫了又落、落了又扫的叶子，更是不得不清除，否则覆在其下的土壤易孳生细菌，造成植栽病变。因此，不时生把火便成了例行的功课。

刚生火时，底下要搁几株粗壮的枝干，上面铺些易燃的干草，点着了火得不停地加料，直至下头粗干也烧起来。这火才生得起来，最累就是开始时，要不断添料，一次分量还不能太多，不然一样会把火压熄。

有时把落叶碎枝丢进火堆里，闷个十来秒，突然火焰窜出，瞬间便吞噬了我的喂食，趁着火未熄尽，又得匆匆再去搂一畚箕的口粮往火里堆，动作慢些断了粮，便得再起炉灶。这时的火嗷嗷待哺，有些贪得无厌，就在这来回奔波为它觅食的当下，脑子里已架构出一则纵火犯的故事，这故事的主人翁当然是女性，且是母性坚强的女性，她的纵火行为，不过是怕她的火宝宝饿着了罢了。

老实说，去年秋冬连续几把火放下来，我隐隐地发现自己有着嗜火的倾向，每每看到堆放在路旁的干材废料，都忍不住想驻足研究，心底算计着这柴火要如何堆置，要如何次第放进，才能生出堆好火来，最后是连还矗立在路边活生生的杂树，我都忍不住眼红心痒。后来多亏季节递嬗，开

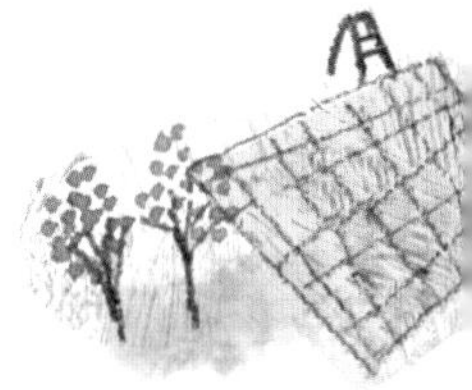

始忙植忙种的，才转移了我对火的钟情。

眼看时序又已入秋，一阵金风吹来，漫山遍野又是飞舞的落叶，我像个拾荒老人般，一畚箕一畚箕收拾着，转眼就堆成了一座小山，我怀着期待又颤抖的心，点燃今秋第一把火，看着那睽违已久的火苗突地窜起，我心底某个蛰伏已久的角落，似乎也跟着燃烧了起来。

阿南

我终于和阿南说上话了，它露出汤匙大小的头颅，颤巍巍地紧盯着石头上的一只豆娘，坐在石头上吃便当的我，一回头便看到了它，我说：“阿南！又给我看到了！”它吐了吐舌头，往前推进了些，我说：“阿南！要不要吃肉肉？”我指的是便当里的肉肉，它晃了晃，眼神直直的，不知是在看我，还是在看豆娘，我宁可相信它是在看我。

阿南是条南蛇，身长至少一米半，有婴儿手臂粗细，常在我们那块地上游走，一开始也会怕人，人没走近便闪得老远，有时听见车声，还会吓得从树上掉下来。但随着我们进出频繁，它也渐渐习了人的动静，便恢复了它那悠哉游哉的性情，一次还闯入我们放工具的帐蓬，请它出去还不大愿意，最后才姗姗地从人脚边滑出去。

我的一位邻人什么都吃，不时向我炫耀他野味山珍的经验，河底的鲈鳗，草丛中的雉鸡、野兔，连地上爬的大蛇、树上跳的松鼠都不放过。我说你吃你的我管不着，但别吃到我地上来，谁敢动阿南，我一定翻脸。

有时他们放狗追兔子，追到我这儿，也是一脚把那仗人势的狗给踢开，他们要打野食，捍卫自己的果园、菜园可以，但别打到我的地上来，我的瓜果是随松鼠、兔子吃的，尽管它们的吃相不好，咬一口丢一个，但哪能怪它们，我也觉得那几株西红柿既不香也不甜。

这些野物比我来得早、待得久，是这块地的“原民”同胞，它们不轻易现身，只能从遗留的残食、粪便证明它们的存在，但它们又无所不在，或躲在草丛里，或隐身在石缝中，行止其间，时时都能感受到一双双的小眼睛在盯着你。

有时收拾到较僻静的角落，我会习惯地先打个招呼，生怕一锄头下去会伤了它们，尤其是那悠哉游哉的阿南。时序已值秋末，该是阿南冬眠的时候了，和它惊鸿一瞥就足够了，我无意和它多亲近，唯恐它失了警觉误闯邻人领土，变得更易得手，我宁可它多一些野性，多一些对人的防范。

阿南再见了！来年春，我们再见了。

远山

有一段时间，我潜居淡水，从我租赁的房间打开窗，观音就在眼前，因为嵌在窗里有画的感觉，就格外以为她是我的，虽然从屋子的角度切出去，并看不出观音的形貌，但知道她在那儿睡着，舒缓地睡着，予人分外安定的感觉。

天刚破晓时的观音是最美的，背景的天与山脚的淡水河呈一片灰蓝，而藏青的观音便像剪影般仰躺其间。点缀着周身、镇夜未歇的灯火，在黎明曙光中似乎有些倦意，失去了原有的晶莹，便显得凄清，也有些恍惚。蓝调子的山，蓝调子的水，沉浸在蓝调子中晚睡成癖的我，更是舍不得入睡。

年少时，喜欢海的变幻莫测、溪河的川流不息，上了年纪，波光滟潋的淡水河，常缀着晚阳余辉的海口，却只教我心慌，唯有望着沉睡中的观音，让我有笃定踏实的感觉。

在我的窗户和山之间，除了隔着宽阔的淡水河，视线所及还有一大块运动场，从清晨到夜晚总有人在此运动，上课时间是男女学生在这做体操、打篮球、打棒球的好不热闹。清晨傍晚也不乏附近居民在塑胶跑道上慢跑，直闹到晚间十点大照明灯熄了，仍有许多不死心的健儿摸黑在那儿活动。

有时看着别人大汗淋漓，自己就通体舒畅，完全不觉得有亲自下场的必要，我太知道运动最要紧的就是意志，而这也是我最缺乏的。在有山有

水有景致的环境里慢跑是乐事，在一成不变的塑胶跑道练身，就趣味尽失了，但无趣正是意志萌芽的开始。

在同一个空间，反复做同一件事，是培养意志的不二法门，这是我遇过意志最坚强的友人给我的忠告。拿跑步来说，在野外跑马拉松，不如到运动场绕圈子，与其在塑胶跑道，效果又不如在自家阳台。相同的跑步、相同的距离、不同的地点，会跑出不一样的意志力。后来又常看人在操场上倒着跑，这会跑出个什么道理来？实在让人好奇。

睡眠有时或许可作同样的诠释。我的观音早也睡、午也睡，晚上当然也睡，人世转折起伏，世事变幻无常，而观音沉睡依旧。天地间是该有什么恒久不变的事物。

也许每个城乡都有一座山，每个人心中也有一座山，至少对土象星座的我是如此的。

儿时住在内湖，村子旁有一列小山丘，山丘上布满了坟墓，因为年久失修，有时一阵大雨过后，或经一场莫名的火燎烧过，失去杂草屏障，再加土石崩落，许多老旧的坟便走了样，严重的连棺椁都露了出来，这原是我们孩子的禁地，至此便显得益发鬼魅。

那时棒球运动正炽，偏偏唯一能供我们打棒球的广场就在这坟墓山旁，因此，每当有人挥出全垒打时，换来的绝不是欢呼，而是“吼——你该猫了！”也就是你倒大霉的意思，因为谁把那由大家合资买来的小皮球痛击上山的，就活该倒霉要把它给捡回来。我想儿时最大的噩梦，便是在那东倒西歪的坟堆里摸索吧！

后来搬离眷村，迁居到辛亥隧道旁，父母看上的也是后门一打开，就有大片的山林供猫猫狗狗冶游，这片我们引以为傲的狗猫天堂，却被在梨山开果园的叔叔嗤之为土疙瘩，的确，较之于中央山脉的高山峻岭，这不是疙瘩是什么？但后来随着台湾经济起飞，后山陆陆续续被林立的大厦占满了，连土疙瘩也消失了踪影。

在台北读书上学的时候，靠的就是一个大屯山，每当心烦气闷时，往城北一望，那纱帽连着大屯便遥遥与你相望，心神便为之畅然。后来有幸上华冈旁听了一年的京剧课，记得第一天随着公交车蜿蜒上山，心也跟着激动不已，不敢相信自此以后，真的能和这草山朝夕相处，当我看到身旁坐着的学生子，一个个睡得东倒西歪，简直觉得是一种亵渎。“怎么能够？这么美的景致，怎么能够？”没想到傍晚下山时，因为练功被操到快不行了，一上车便陷入重度睡眠状态，头撞到车框瘀青了还继续撞、继续睡，那一年我的太阳穴常处在青紫状态中。

华冈的校舍老旧，有时压腿练功时，那山岚便毫不客气地从窗牖外涌了进来，若再增添丝竹相伴，那真有种神仙洞府的况味。那段时间，只要上课空档，我忍不住就要往山里游荡，行行走走、走走停停，没有目的，就是到处乱走。

后来工作，朝九晚五了两年多，就在快窒息的时候，有个机缘来到了苗栗，我一眼就看上了那横亘全县境的加里山，她不似大屯之于台北那么贴近，却有一种悠然的气度，望着她心会整个沉静下来，为此，我曾立志若在苗栗购屋置产，一定要打开窗就能看到她，让她真的成为我的“家里山”。

之后，我到底又回到了大屯山麓，只是这回住在山的另一头，近淡水的北新庄，因遛狗的缘故，在此竟找到了一处人烟罕至的桃花源。这里山涧清澈沁凉，暑夏掬饮一口，比家中冰镇过的饮品还要抚贴脾胃。尺宽的小径蜿蜒而上，两旁荒废了的果园，时而跃出丢了果子就跑的松鼠。几户人家间杂其间，听不到人声，风中隐隐透着炊烟味，才确定真有人居住。

此境水清土也肥，自给自足的菜圃里种着沃绿肥硕的青蔬，甚是令人垂涎，四周无人看养的野菜也漫山漫谷长得恣意奔放。那川七个个大如手掌，采摘回去，用胡麻油爆姜快炒，或煮麻油鸡时汆烫一下，均十分味美，至于那昭和草过水后，或炒或煮就是茼蒿的风味了。

后来又陆续开发了其他野趣，龙葵、山蕨、山芹、咸丰草……一路吃下来无啥大碍，便自诩“神农”大胆尝起百草来。一日在草堆中发现一株株状似碧玉笋的金针绿茎，惊喜莫名，回家即刻配肉丝下锅，不想苦得难以下咽，又舍不得丢弃，勉强食下半盘，不到五分钟，胃里大翻腾，结果全还了席。我判断此草未必含毒，只是性奇寒，胃肠无法接受，吐干净了人就舒服了。至此，便不得不接受自己没神农的本事，乖乖到书店买本野草图鉴，以保余生。

如今，搬到关西锦山，我真的拥有一个抬眼就可看到远山的小屋，这山，高山族朋友取名“鸟嘴”，标高1450米，越往顶去、植被便越稀疏，因此可以清楚看见那微弯的山头，确实像鸟的嘴喙一般。

这鸟嘴有些调皮，不时变幻出各种模样与你相见。秋的傍晚，他通体沐着霞光，金红金红的像座宝山，诱惑着你到他那儿挖宝；天寒地冻时，又一身墨青，神秘兮兮地立在天际，勾引着你去他那儿探险；更多时候他会躲猫猫的藏在山岚后面，让你遍寻不着；他好似高山族小男孩，活泼开朗、热力四射，和我之前熟识的、稳重的山大不相同。

有时看着他，我便心生趣意：“什么时候去找你玩玩？”若真跑到他头顶上，会是个什么光景，我真的很好奇。每当听到有人攻顶过，我便忙不迭地追问是怎样一种感受，有的说视野辽阔，有的说景致超美，但好像都不是我要的答案，大概非得要自己走一遭，挖宝也好、探险也好，或只是静静坐在那儿和他说说话都好。不过话又说回来了，每天，我只要打开窗，就可以和他说话了，就像和每座曾陪伴过我大大小小的山一样，我们的心灵是相通的，这就足够啦！

每个城市都有一座山，每个人心中也有一座山，至少土象星座的我是如此的。

爱躲猫猫的鸟嘴山

▲ 另一种风貌的乌嘴山

▼ 秋天傍晚，沐着霞光的乌嘴山

四季桂

人们都说八月桂花香，桂花应该是在秋季绽放香溢满园的，但我们家的桂花却从中秋直开到夏初，四季都不缺席，所以又被称为四季桂。讲究些的会把花色淡些的唤作“木樨”，我们家种的便是如此，但我仍执意当它是桂。

父亲喜爱桂花，我原生家庭门旁两株茂密的桂，快有四十高龄了，虽种在花圃中，却仍恣意生长，不仅往高处伸展，更横向环抱，两树连成一气，漫过墙头自成一片风景，猫儿游走其间，犹如迷宫般可供戏耍。父亲也喜欢兰，还曾和他到后山搬回半倒的蛇木（笔筒树），截成一段段来养兰，记得在锯蛇木的当口，在院中游走的鸡硬凑到跟前，先还不解，直至从截断的朽木中窜出几尾褐紫色的蜈蚣，才知那鸡真有先见之明，一口一尾，三两下便给它像吃面条一般吸食个尽。待等父亲收拾妥当，便会将兰挂在桂树下，一来遮阳，二来悬空的蛇木也不至沦为猫爪板。

桂花飘香时，便是父亲忙桂花酿的时刻，那真是一份细活，一朵朵比米粒大不了多少的桂花，采集已不轻松，还要将如发丝般细的花茎摘除，那是只有细致又有耐心的父亲做得来的。接下来便会看到父亲将拾掇好的花絮，间隔着糖一层一层铺在玻璃罐里，最后淋上高粱酒，便是上好的桂花酿，待等来年元宵煮芝麻汤圆时，起锅前淋上一小匙，那真是喷香扑鼻呀！整个制作过程，我们姐妹能做的至多就是采撷这一环，有时在外面觅得桂花香，也会结伴去偷香，我就曾被二姐带到台大校园，隔着一扇窗，一办公室的员工便看着两个女孩在桂花树下忙着收成呢！

除了自制的桂花酿，参了点桂花香的“寸金糖”，也成了父亲写稿时难得佐伴的点心，这“寸金糖”在当时只有“老大房”贩卖，我们姐妹仨不时会捎些回来，不是怎么贵的东西，父亲却吃得很省。他对自己特别喜欢的事物，总能有滋有味地享用，但也不贪多，几乎是给什么就吃什么、供什么就用什么，即便是整日离不了口的烟，也只抽“金马”，后来实在是不好找才改抽“长寿”，而茶则是保温杯泡就的茉莉花茶。我们是长大后自己会喝茶了，才知道拿来做花茶的茶叶，都是最劣质的，甚至连那茉莉香气都是赝品，是用较廉价的玉兰花代替的，而这浓郁的玉兰花是会把脑子熏坏的。记得那时二姐每次夜归，会顺手从邻人家捎回几朵茉莉，放进父亲的保温杯中。唉！这算是其中唯一珍品了。

父亲的细致端看他的手稿便可知悉，数十万的文稿，没一个字是含糊带过的，要有删动，也是用最原始的剪贴处理，那时还没有改正带，写错了字，他依样用剪贴补正，且稿纸总是两面利用，正稿便写在废稿的另一面，有时读着读着，会忍不住翻到背面看看他之前写了些什么。他擤鼻涕使用卫生纸，也一样会将市面上已叠就的两张纸一分为二，一次用一张，但他从没要求我们和他做一样的事。

父母亲年轻成家，许多只身在台湾的伯伯叔叔，都把我们这儿当家，逢年过节周末假期客人永远是川流不息，如此练就了母亲大碗吃菜、大锅喝汤的做菜风格，即便是日常过日子，母亲也收不了手，桌上永远是大盘大碗伺候，但也从不见细致的父亲有丝毫怨言。到我稍大接手厨房里的事，才听父亲夸赞我刀功不错，切的果真是肉丝而不是肉条，我才惊觉这两者的差异。

有时父亲也会亲自下厨，多是一些需要特殊处理的食材，比如他对“臭味”情有独钟，虾酱、白糟鱼、臭酱豆、臭腐乳，当然还有臭豆腐，且这臭豆腐非得要用蒸的方式料理，不如此显不出它的臭。几位有心的学生子，不时在外猎得够臭的臭豆腐，便会欢喜得意地携来献宝，一进门便会嚷嚷：“老师！这回一定臭，保证天下第一臭！”接着便会看到父亲欣然地在厨房里切切弄弄，不一会儿整间屋子便臭味四溢，欣赏不来的我们，总把这件事当成个玩笑，当是父亲和学生子连手的恶作剧，因此餐桌上的臭豆腐就让他们自己去解决吧！但往往那始作俑者的学生子是碰也不敢碰，所以那时的父亲是有些寂寞的。或许是隔代遗传吧！我的女儿倒是爱死了麻辣臭豆腐，只是很可惜的，他们祖孙俩重叠的时光太短暂了。

父亲也爱食辣，几乎可说是无辣不欢。他的拿手好料就是辣椒塞肉，把调好味的绞肉拌上葱末，填进剔了籽的长辣椒里，用小火煎透了，再淋上酱油、醋，煸一煸就好起锅，热食、冷食皆宜。一次全家去日本旅游大半个月，父亲前一晚就偷偷做了两大罐，放在随身背袋里，这是他抗日利器，专门对付淡出鸟来的日本料理。

其实父亲的口味重，和他半口假牙有关。以前牙医技术真有些暴横，常为了安装几颗假牙，不仅牺牲了原本无事的健康齿，还大片遮盖了上颌，这让味觉迟钝许多，不是弄到胃口大坏，就是口味愈来愈重，这和他晚年喜吃咸辣及糜烂的食物有关。且不时有杂物卡进假牙里，便会异常难受。但也少听他抱怨，他很少为自己的不舒服扰人，不到严重地步是不会让人知道的，即便是身边最亲的人。

父亲在最后住院期间，一个夜晚突然血压掉到50、30，经紧急输血抢救了回来。隔天早晨全家人都到齐了，父亲看着我们简单地交代了一些事，由坐在床边的大姐一一如实地记了下来，大家很有默契的不惊不动，好似在做一件极平常的事，包括躺在病床上的父亲。

等该说的事都说妥了，大家开始聊一些别的事时，父亲悠悠地转过头对着蹲在床头边的我说："家里有一盆桂花，帮你养了很久了，你什么时候带回去呢？"父亲那灰蓝色的眼眸柔柔的，感觉很亲，却又窅窅的，好似飘到另一个银河去了。我轻声的说："好，我会把它带回去的。"那时我还没有自己的家园，我要让它在哪儿生根？

中国人有个习惯，生养了女儿，便在地里埋上一瓮酒，待女儿出嫁时便把酒瓮挖出来，是为"女儿红"，若不幸女孩早夭，这出土的酒便为"花凋"；也有地方生养一个女儿便植一棵桂花。父亲没帮我们存"女儿红"，却不知有意无意的在家门旁种了两株硕彦的桂，我并不知道他也一直为我留着一棵桂，为这已三十好几还没定性的小女儿留了一棵桂。

父亲走了以后，时间突然缓了下来，我才知道过去的匆匆与碌碌，全是为了证明什么，证明我也是这家庭的一员？证明我也值得被爱？大姐曾说过她与父亲的感情像是男性之间的情谊；二姐呢？该比较像似缘定三生的款款深情；至于我，似乎单纯的只想要他是个父亲疼爱我。我一直以为作家、老师的身份让他无暇顾及其他。但一直到后来，我才知道那是父亲的性情，对世间的一切事物都深情款款，却也安然处之，不沉溺也不恐慌。

一直到父亲走了，我整个人才沉静下来，明白这世间有什么是一直在那儿的，无需你去搜寻、无需你去证明，它就是一直存在着的。

当我在山中真的拥有了自己的家园时，不知情的母亲，已为那株桂花

找了个好人家，是有些怅惘。但没关系，真的没关系，依父亲的性情本就不会那么着痕迹，他会留株桂花给我，也全是因为他知道我要，我要他像一个世俗的父亲待我。

而今，在我山居的园林中，前前后后已种了近百株的桂花，因为它们实在好养，野生野长的全不需照顾，第一批种的已高过我许多，每当我穿梭其间，采撷那小的像米粒的桂花，所有往事都回到眼前来。我们每个人都以不同的方式怀念着父亲，而我是在这终年飘香的四季桂中，天天思念着他。

我和猫猫狗狗的家园

山居

在上山定居前，我是一个标准的夜猫族，晚上三四点睡，隔天近午起床，一直以为这样的作息已定型了，必要伴我到终老，不想才上山第一天，就把这恶习给完全戒除了。

这块地是十年前买的，买地、整地的钱用去我们所有积蓄，因此又存了两年的钱才盖了房子，接着又隔了两年才有能力整置室内，所以真的等搬进去住，已是四五年后的事。即便如此，我们入住时，还有许多设施未完备，如室内电路及电讯设备。既然欠缺电，那么当然许多的电器便无法使用，我们便是在这样几近返祖的生活条件下，开始山居生活的。

记得头几个星期，因为不能开伙，所以下了课便买现成的餐食回去，最好赶着在天黑前用餐完毕，不然就算点着蜡烛，收拾起来仍没法那么便给，包括盥洗也是如此，所以当一日事都解决好，抬头一看时钟，天哪！才 7 点！接下来的漫漫长夜在没电视、没计算机，甚至连电灯也没有的状况下该如何度过？看看窗外的圆月，看看四周漫游的萤火虫，再看看表，天哪！时间才过了半小时。再下楼巡巡猫狗，以为换了新环境它们会不安，没想到每个都睡得东倒西歪的，是呀！这样静谧的夜晚，除了倒头大睡还能做什么呢？于是破天荒的不到 8 点就上床做梦去也。

隔天，不到 6 点，太阳已烈烈呼呼的把人给燥醒，屋外的猫狗鸟虫也早蠢蠢欲动，想赖床也绝无可能，就此从夜猫族变成早睡早起的健康宝宝。

所以这是山居生活的第一好处。

当初建这家园一切以猫狗为主，所以人住的部分能简则简，我唯一的要求就是窗子要多要大，结果弄得自己好像住在凉亭里，因为四面都是窗，采光好、空气好，景观自然更好，一面临河，一面向着山，另外两面则可监看自家700坪的庭院，看看那些猫猫狗狗都在忙些什么。

刚搬进去时曾考虑要不要装窗帘，毕竟在城市住久了，家家挨着户户，打个喷嚏隔壁都知道，若住在这凉亭似的屋子里，没窗帘遮掩，不是全都被看光光，但四周景致如此美好，任哪一个角度都不忍牺牲，怎么办呢？

像凉亭的室内空间

有一天我终于想通了，若有人真的想一窥我在家的休闲模样，不管是衣着或姿态都呈现最放松，或者该说是最邋遢的模样，那么他必须在入夜后，室内灯点着，然后躲在远处的草丛中，还要是下风处，不然被众狗儿们发现，便免不了被围剿，且还得防着蛇虫兽蚁经过，满身红豆冰是必然的，最怕的是受到毒蛇青睐，那才真是要命。好吧！要是真有人不畏艰难、坚持要偷窥我的庐山真面目，那么他一定会大失所望的，因为这老去的女体实在不怎么样，绝对不值得如此冒险犯难、枉顾生命安全。

想通了，不再为设不设防烦恼，至此便发现自己已然和四周环境融为一体了，除了各式鸟兽在视野中展演，四季也清楚地在眼前递变，一阵风吹来，便能判断雨之将至，阳光在屋里行行止止，不看钟也推摸得出时间走到哪儿了，至于那躲在屋外的月光，总在你关灯的一刹那间，潜进枕边伴你一夜好眠。

我的山居家中

像凉亭的室内空间

当然住在山上不都是一派悠闲，有许多重活儿要做，比如锯木割草、挖洞种树、整地种菜、搬石头固地基……这些活儿多半是不能等的，因此不管刮风下雨或烈阳高照，该做的即刻就要做，也因此肌肤晒黑了，皱纹布满了眼眶，手粗了、脚裂了，指甲也像黑手一样藏着污渍，但当你看着家园越来越齐整，很多原以为不可能的任务一一完成，那份成就感是付出什么都值得的。

在山上生活一定要能享受劳动，我们四周也有许多都市人购置的地，他们因着种种原因无法天天居住于此，只有周末假期才得上山，因此一到便得先除草整理环境，等所有搞定差不多假期也结束了，若不是很能享受劳动带来的乐趣，那么在山林间拥有一块地的美梦，往往没隔多久就成了噩梦。一开始是全家出动，不时还呼朋引伴来山上烤肉、钓鱼、抓虾，等热头过后，便看到他们来的次数渐行稀落，随行的人也越来越少，最后多半就是季节递换时来割割草，台风过后来探探灾情，有的甚至一年都见不到一个人影，地就任它荒在那儿，不久连出售的牌子都立了起来。

所以有时候朋友上山来访，看到这片好山好水，便心动地筑起山居岁月的美梦，一开始我也会跟着起哄，“独乐乐不如众乐乐”，希望好朋友都能搬上山来共享这片天地。但现在每当有人心动要打探有何美地可出售时，我会开始扮演乌鸦的角色，把一切可能出现的负面状况先说清楚，若还没被我的冷水泼醒，我还是会请他们缓一缓，想清楚这山居生活是全家人共筑的美梦吗？就算不是，至少也必须是夫妻俩共享的梦，只要一方有些勉强，这梦终究是难圆的。我便曾看过一方孜孜地开疆辟土，另一半则躲在树荫下抱怨蚊虫扰人，时日久了，很难不生龃龉，这不是对或错的问题，而是喜不喜欢、合不合适的问题，也许对某些人而言的美景，对其他更多人来说真的只是“好山好水好无聊”。

我和猫猫狗狗的家园

所以，很多人都有“采菊东篱下”的梦，却不见得都能实现，若枉顾家人反对，执意要享受山居生活，最后却可能落得成为独居老人，我们附近就有这样的例子，身边无亲人陪伴，最后成为邻人的负担。而且一人索居山野是有些危险的，在山上当你老到整不动环境的时候，很快的你就会被野草杂树淹没，而冬天山上的酷寒，也不是每个人都经受得住的，像我那么爱冷的人，有时也会被寒风吹到直发颤，即便穿得再厚重，那冷仍是浸到骨髓里去了。这两年寒流来袭，气温降到5度以下时，我们是靠着“无印良品”的毛毛暖水袋熬过的，若年纪再长些，怕是暖炉也无济于事，所以能否在此山里终老，不见得由得了我呀！

因此每当我听到有人说退休后想到山上买块地养老，我其实是很疑惑的，年纪大很多重活是做不动的，而且山风很利很寒也是需要一段时间适应的，这也不利年长的人，初初住到山上，尤其是夏季衣物未护着全身，是很容易出问题的，有时一阵风过，或半夜被子盖得不够严，便被吹得头晕目眩，我是几乎花了一年的时间，才完全适应山上的风水，如果是底子弱寒一些的人，怕是要调适更久。

说了那么多吓人的话，住山上好似困难重重，但如果你是个能享受大汗淋漓且泥垢满身的人，你是个不畏身边蛇虫鼠蚁随时出现的人，你是个能把日晒风刮吃苦当吃补的人……那么山居生活所回馈的，也会是意想不到的丰美。如今我虽然每天仍必须穿梭在令人窒息的水泥丛林中讨生活，但只要想到不一会儿就可回到我那山居家园，深呼吸那森森山野的气息，聆听虫鸣鸟叫、溪水淌淌，享受狗儿猫女的围绕，即便每天要多开个把小时的车，我也无怨无悔。

附录：小河淌水

就在我刚写完《我家门前有小河》之际，我们这条溪河里的鱼虾及所有生物，在一夕之间全消失了踪迹，真的是一个都不剩，完全是死寂一片。不敢相信，每隔一段时间来到水边再看一看，没有，真的没有，一只鱼虾都没有，我终于明白何以在别的溪畔会看到的警告标示：“毒鱼者，绝子绝孙！”因为这真的是一个惨到无以复加的浩劫了。

毒鱼的人会不会绝子绝孙我不知道，但这些水中生物真的是给毒到连一只小鱼苗、小虾米都不剩了，这真的是令人难过到无语无泪，平时看到来垂钓的人，我总是忍着不干涉，但要是看到技术好，又连钓两三个钟头的人，我还是会去哀求他们：“别钓了吧！看得好心痛！”因为看他们所费不赀的装备，这些渔获绝对不是养命用的，不过就是休闲、打牙祭，比之于这些生命的流逝、生态的破坏，实在是不符合比例原则。

然而万万没想到的事，就在眼前发生了。毒鱼的人是给抓到了，但在此之前，他已把附近三条溪的生命给灭绝了，这影响的不仅是水中生物，连周边的生态都破坏了。当我心存一丝希望在溪边探看时，便看到几只白鹭鸶也歪着头在研究这溪到底发生了什么事，它们大概和我一样不敢相信，为什么在一夕之间，原本生意盎然的溪水、能让它们觅食生存的溪水全走了样。我很想跟它们说：“你们算是幸运的，没因为食物链的缘故，也在这场浩劫中丧了命，逃远点吧！试着去找另一个无毒的、有生命的小溪吧！”

至于其他赖此溪为生的生物，是不是都躲过此劫，也只有天知道了。我不禁会想，施毒的人到底知不知道自己做了什么，警察在他车上还查扣了9斤的化学毒剂，至于他已用了多少来毒鱼，则不得而知。在我们这条溪畔不少人家是赖此溪为生的，就算不把小鱼小虾当回事，难道他不怕伤到人？而且毒鱼毒虾人吃了会全没问题吗？当然他自己是不会吃的，他会用盐处理过卖到餐厅，卖到市场，吃下肚的人也许不会立即毙命，但这样的渔获你敢吃吗？

当我们在山产店或一般餐厅，看到菜单上有炸溪鱼、炸溪虾及炖鲈鳗时，你曾疑惑过这些鱼虾是哪儿来的吗？一般的垂钓、捕捞是无法满足如此大的需求，当你看到大盘大碗的溪鱼、溪虾、鲈鳗端上桌时，你理当怀疑这些渔获即便不是毒物，它们也一定是用不法手段——电鱼、炸鱼取得的，即使吃下肚无害，但为满足口腹之欲，牺牲了生态，你觉得值得吗？若更不幸地赔上了自己的健康，那后悔都来不及了。

所以从供需来看，如果大家为了自己、为了自然生态，拒吃这些来路不明的溪鱼、溪虾、鲈鳗，餐厅及市场便不会贩卖，自然便不会诱使人触法去毒鱼、电鱼、炸鱼，这虽然有些消极，但也许会是根本解决之道。

这个毒鱼的人是个有前科的累犯，他曾在基隆暖暖、桃园新屋等地犯过一样的案，把当地居民封溪7年努力复育的各种鱼毒到一只都不剩。他当场被抓后，居民在清理河流时，捞到700公斤被毒死的鱼，至于周边生态受到多大的牵连，更是无法计数。但依现行规定，却只能罚他5到15万元，

这样无关痛痒的责罚，也难怪他会一犯再犯，所以相关单位真的该好好检讨一下这早已过时的规定，从整体环境生态考虑，不加重其刑，如何能遏止同样的浩劫再发生?

而我们这些河畔住民，目前能做的是，成立一个护溪队，彼此守望相助保护这条曾经充满生命的小溪，不再让同样的悲剧发生，我们要重新再复育各类鱼种，让这溪水重现生机，虽然我们知道要让它全然恢复原貌还有很长的路要走，但为了让无数生命能再度悠游于这溪流间，付出再多心力都是值得的。

图书在版编目（CIP）数据

我的山居动物同伴们 / 朱天衣著 . -- 福州 ：海峡书局，2013.1
ISBN 978-7-80691-803-6

Ⅰ . ①我… Ⅱ . ①朱… Ⅲ . ①随笔—作品集—中国—当代 Ⅳ . ① I267.1

中国版本图书馆 CIP 数据核字 (2012) 第 285225 号

我的山居动物同伴们

著　　者：朱天衣
出版发行：海峡出版发行集团
　　　　　海峡书局
地　　址：福州市鼓楼区五一北路 110 号海鑫大厦 7 楼
邮　　编：350001
印　　刷：北京昊天国彩印刷有限公司
开　　本：700mm × 1000mm　1/16
印　　张：10
字　　数：133 千字
版　　次：2013 年 1 月第 1 版
印　　次：2013 年 1 月第 1 次印刷
书　　号：ISBN 978-7-80691-803-6
定　　价：36.00 元

书中如有印装质量问题，影响阅读，请直接向承印厂调换